室内软装设计与实训

谭　娟◎著

吉林出版集团股份有限公司
全国百佳图书出版单位

图书在版编目（CIP）数据

室内软装设计与实训 / 谭娟著 . -- 长春 : 吉林出
版集团股份有限公司 , 2024.3
ISBN 978-7-5731-4803-2

Ⅰ . ①室… Ⅱ . ①谭… Ⅲ . ①室内装饰设计 Ⅳ .
① TU238.2

中国国家版本馆 CIP 数据核字 (2024) 第 079792 号

室内软装设计与实训

SHINEI RUANZHUANG SHEJI YU SHIXUN

著　　者	谭　娟	
责任编辑	赵　萍	
封面设计	李　伟	
开　　本	710mm × 1000mm	1/16
字　　数	200 千	
印　　张	11.25	
版　　次	2024 年 6 月第 1 版	
印　　次	2024 年 6 月第 1 次印刷	
印　　刷	天津和萱印刷有限公司	

出　　版	吉林出版集团股份有限公司
发　　行	吉林出版集团股份有限公司
地　　址	吉林省长春市福祉大路 5788 号
邮　　编	130000
电　　话	0431-81629968
邮　　箱	11915286@qq.com
书　　号	ISBN 978-7-5731-4803-2
定　　价	81.00 元

软装设计是从室内设计中独立并发展起来的，软装设计的元素包括除室内空间中固定、不能移动的装饰物以外（如地板、顶棚、墙面、门窗、建筑造型物品），其余可以移动、便于更换的装饰物（如窗帘、沙发、地毯、床上用品、灯具、家具等多种摆设之类）。随着软装的热度不断升温，出现了一些高端软装设计培训机构、软装设计公司及设计师，有些高校也开设了软装饰设计专业课。可见，软装设计在国内已经被越来越多的人认可，软装已经单独成为一种时尚行业。软装设计在国内一线城市的认可度较高，在其他城市的认可度还是较低的，因此软装设计在国内有很大的发展空间。随着人们生活水平的提高，人们对于生活品质的要求会越来越高，对软装的认可与要求也会越来越高。

软装设计是室内设计中的后起之秀，在国内发展的时间虽然不长，但从事软装设计和学习软装设计的人群日趋增多。软装设计是一门包罗万象的学科，从造型、色彩、风格、搭配、审美、空间、方法，到具体的家具、布艺、花艺、灯具、装饰品等，软装设计师需要学习和掌握的知识非常多。目前，专业的软装设计师大多从室内设计师转变而来，软装设计教师亦是如此，软装设计的教学体系也都在摸索中，软装设计的学习教材也是多种多样，各有千秋，各有侧重。

本书第一章为室内软装设计概述，分别介绍了软装设计的概念、发展历程、功能、策略和程序五个方面的内容；第二章则从室内软装设计与搭配和室内软装设计与审美两个角度对室内软装设计原则进行了概述；第三章从室内软装设计的风格方向进行了探索，主要介绍了五个方面的内容，依次是中式风格、欧式风格、美式风格、现代简约风格和田园风格；第四章为室内软装元素及应用，对家具、灯饰、布艺、花艺和饰品五种元素分别进行介绍；第五章为室内软装设计与实训，主要介绍了室内软装方案的设计、施工及案例解析。

在撰写本书的过程中，作者参考了大量的学术文献，得到了许多专家学者的帮助，在此表示真诚感谢。由于作者水平有限，书中难免有疏漏之处，希望广大同行及时指正。

谭娟

2023 年 7 月

目 录

第一章 室内软装设计概述

随着人们生活水平的提高，现代人更加注重精神层面的需求，软装设计就是人们对美的追求的反映。现代软装设计的市场逐渐发展成为建筑及环境设计中不可或缺的一部分。本章主要探讨室内软装设计概述，从软装设计的概念、发展历程、功能、策略以及程序五个方面分别进行了阐述。

第一节 软装设计的概念

一、何为"软装艺术"

1877 年，由美国家庭妇女自发组织成"协会"，就房间如何才能布置得更为精美这一问题展开讨论，从而开创了室内软装艺术的先河。1930 年，美国正式成立室内设计学科。1956 年，我国在中央工艺美术学院成立室内装饰系。可以说，早期的室内设计实际就是室内软装艺术。

所谓"软装艺术"，有两层具体的含义。

一方面，软装的"软"是相对其他硬质材料而言的。在一般的室内空间设计中，人们注重的往往只是室内空间的硬装饰部分，如空间的结构、格局的划分及天花、地面、墙体的装饰等，选用的材料多为花岗岩、大理石、瓷砖、玻璃、金属等硬质的材料。而对家具和灯具、窗帘等配套装饰的选择却被放在了可有可无的位置，更谈不上实施系统的室内配套设计了。

另一方面，"软装艺术"是指室内软饰品与人之间建立的一种"物人对话"的关系。实际上，软饰品具有独特的材质、形状和花色，天生就具备了比硬装饰更容易与人产生"对话"的条件。这些条件通过人的视觉、触觉等生理和心理的感受而存在，并体现其价值。例如，触觉的柔软感使人感到亲近和舒适；造型线的曲直能给人以优美或刚直感；形的大小疏密可造成不同的视觉空间感；色彩的冷暖明暗和色调作用于人的视觉器官，在产生色感的同时也必然引起人的某种情感心理活动；不同的材质肌理产生不同的生理适应感；不同的花色取材可以使人产生一系列的联想，好像置身于多样的空间环境（图 1-1-1）。充分利用软饰品的这些"与人对话"的条件或因素，能营造出某种让人们感到舒适的室内环境氛围，这就是我们所要阐述的软装艺术——室内软装饰。

图 1-1-1　不同材质肌理的室内空间（作者团队自绘）

在室内环境设计中，合理运用开发这种"软装饰"，可以创造出温馨、惬意的居室环境和各种舒适宜人的情调空间。

软装设计可以说是室内设计后期的内容，是在室内设计的整体创意下进一步深入具体层面的设计工作，是对室内设计创意的完善和深化。

室内软装设计在成功的室内环境设计中起着至关重要的作用，也是室内设计不可分割的组成部分，它们有许多共同点：都要解决室内空间形象设计，室内装修中的装饰，室内家具、织物、灯具、绿化等众多问题，以及设计、挑选、设置等问题，相悖的地方往往是在侧重面和研究的深度上。室内设计除了上述几个方面的知识要钻研外，还要进行室内物理环境研究，注重与建筑风格的紧密融合以及室内空间设计的综合把握等。而软装艺术设计往往是在室内设计的大体创意下，做进一步深入细致的具体设计工作，体现出文化层次，以获得增光添彩的艺术效果。相反，品位差的软装不仅达不到室内设计的理想效果，往往还会降低室内设计的水准。

因此，室内软装艺术设计与室内设计是一种相辅相成的枝、叶与大树的关系，不可强制分开。只要存在室内设计的环境，就会有室内软装艺术的内容，只是室内软装元素的多与少的区别。只要是属于室内软装艺术设计门类，必然是处在室内设计的环境之中，只是关键在于与环境是否协调的问题。所以说，软装设计是建筑视觉空间的延伸和发展，是室内艺术设计发展的一个必然分支，与建筑装饰有着紧密的联系，是建筑和室内设计的艺术表现和表达的产物。

由此，我们总结出室内软装设计的定义：在室内设计或使用过程中，设计者根据环境特点、功能需求、审美需求、使用对象需求、工艺特点等要素，利用室内可移动物品精心塑造出舒适、和谐、高艺术境界、高品位的理想环境，给人以美的享受和熏陶。

"人，诗意地栖居在大地上"①。随着人类对精神意义的追求，为营造理想的室内环境，就必须处理好相应的软装设计。从满足使用者的心理需求出发，不同文化背景的人有着不同的消费需求，也就有不同的理想的软装设计。在尊重建筑和空间功能布局的前提下，对不同的消费群体进行深入研究，才能创造出个性化的室内软装艺术。一个室内软装设计师要结合室内环境的总体风格，充分利用不同软装物所呈现出的不同性格特点和文化内涵，使单纯、枯燥、静态的室内空间变成丰富的、充满情趣的、具有良好人文传承的空间。这也是软装设计行业"生活艺术化、艺术生活化"理念的最好体现。

二、作为独特的文化形态

室内软装艺术设计的范围：室内软装艺术设计的类型相当复杂，根据使用性质可以大体划分为"住宅环境室内软装艺术设计"与"公共环境室内软装艺术设计"两类。住宅环境的对象是家庭的居住空间，无论是独户住宅、别墅，还是普通公寓，都在这个范畴之内。由于家庭是社会的细胞，而家庭生活具有特殊性质和不同的需求，因而，住宅室内软装艺术设计成为一种专门性的领域。它的主要目的是根据居住者的住宅环境、空间大小、人数多少、经济条件、职业特征、身份地位、性格爱好等进行相适应的软装艺术设计，为家庭塑造出理想的温馨环境。

公共环境室内软装艺术设计包括的内容极其广泛，除了住宅以外的所有建筑物的内部空间，如饭店共享空间、商业空间、娱乐空间、会议办公室空间等环境，甚至包括室外的公园、广场、游乐园等环境。各种空间环境形态不同，性质各异，设计者必须给予充分的调查，深入理解和优化调查对象的特质，才能满足特殊性质的需求，创造独特的公共环境氛围。

① 海德格尔.海德格尔文集 [M].北京：商务印书馆，2015.

第一，室内"物质建设"。

室内"物质建设"以自然的和人为的生活要素为基本内容，以能使人获得健康、安全、舒适、便利的感受为主要目的。"物质建设"必须兼顾"实用性"和"经济性"，并建立在人力、物力、财力的有效利用上。室内所有物资设备必须得到充分利用，还要避免浪费，要充分利用现有物质条件，变废为宝，休息的空间设计必须注重劳力的节省和体力的恢复，根据投资能力作出符合实际的精密预算等。

第二，室内"精神建设"。

室内"精神建设"是室内软装艺术设计的重点，以精神品质和以视觉传递方式的生活内涵为基本领域。从原则上讲，室内精神建设必须充分发挥艺术性和个性两个方面：艺术性的追求是美化室内视觉环境的有效方法，是建立在装饰规律中形式原理和形式法则的基础上的。室内的造型、色彩、光线和材质等要素，必须在美学原理的制约下，求得愉悦感官、鼓舞精神、陶冶情操的美感效果。表现室内灵性的理想选择，是完全建立在性格、性情和学识教养等深度各异的因素之上的，只有通过室内形式反映出不同的情趣和格调，才能满足和表现个人与群体的特殊精神品质和心灵内涵。艺术性和个性经常共同创造温情空间，所以室内软装艺术设计必须经常通过美感和个性两个基本原则，使有限的空间发挥最大的艺术形式效应，发挥人类在生灵界中的独特才智，创造非凡的富于情感的室内生活环境。

综上所述，室内软装艺术设计要重视室内环境中的物质建设和精神建设，要灵活运用四个性能：实用性、经济性、艺术性和个性。室内软装艺术设计必须积极调动设计者的聪明才智，设计者必须展开丰富的空间想象力，充分发挥有限的物质条件，以创造无穷的精神世界，造福人类。

软饰品在室内环境中的作用重大，它可以使环境用起来舒适、看起来好看。我们的工作和学习都离不开软饰品，许多优秀的室内设计环境都是通过软饰品来体现其价值的。软饰品的好坏会影响居住者的精神生活，特别是在精神意义的追求上，软饰品的含义要深刻许多。软饰品作为室内必需的生活用品，是室内环境中不可分割的一部分，作用非常大。

（一）体现室内使用的用途

室内环境的设计和实际使用都离不开软饰品的摆放，只有通过相关软饰品的摆放，才能体现该室内使用的用途。在标准的 3 米 ×3 米的展示空间中，我们放进办公桌椅就可以在此办公，放入餐桌椅就可以在此就餐，所以说不同的软饰品体现了不同的用途。

（二）展示特定的文化或主题内涵

一般室内软装空间实用、舒适、美观就达到了基本要求，而有些特殊的或具有纪念意义的空间则要求陈列一些具有特殊作用的软饰品，以形成特定的文化意蕴。例如，具有纪念性、旅游性的建筑室内空间需要引起人们的怀念和追忆。

（三）体现地方和民族特色

每一个地域、每一个民族都有自己特定的文化背景和风俗习惯，因此形成了不同的地方特色和民族风格。例如，新疆人热情奔放，喜欢大花图案和鲜艳奔放的地毯等，这都和他们的风俗习惯有一定的联系；又如藏式风格民宿，从壁纸、小摆件到走廊的壁画甚至客餐厅，都蕴含着藏族传统文化和经典藏传佛教元素，透露出鲜明的民族特色。

（四）展现居住者的个性

一个人居住的环境往往可以真实地反映出其性格爱好、修养品位和职业特点等。软装方式的改变也与居住者提升自己的审美有着很密切的联系。

（五）反映时代性

一种样式的产生往往反映了当时社会发展的要求，适应人们心理上对时尚的追求。具有时代特点的软饰品可以引起人们怀旧或追求时尚的心理。

所以说，软饰品是室内环境的有机组成部分，它们的选配更是室内设计的重要环节。设计师无论在设计何种空间时，都要考虑软饰品的选择和摆放，才能创造出完美的耐人寻味的理想室内环境。

三、软装设计与软装设计师

（一）软装设计

广义上的软装，即各类装饰物通过有序或无序排列组合后呈现出来的一种设计现象；狭义上的软装，是指除了室内装饰中固定的、不能移动的（如吊顶、点光源、墙体造型、门窗、地板等）物体之外，其他可以移动的、易于更换的（如家具、地毯、灯具、装饰画等）饰品，均为软装设计所涵盖的方面。软装是对室内空间的二度陈设和布置，主要弥补和改善原有室内空间设计的不足和缺陷，使空间更好、更舒适地满足人们的生活需求。传统意义上的软装包含六大项：家具、灯饰、窗帘、地毯、装饰品、床品。

软装设计是指由专业软装设计师，针对家具、灯具、饰品、布艺、装饰画、花艺等家居用品及饰品，在空间布局、色彩搭配、材质选择、场景氛围、格调气质等方面进行综合考量而作出的整体搭配设计。软装设计是一门相对独立的艺术，但又依附于室内环境的整体设计，对于室内环境空间的意义不仅仅是补充和升华，更是一种对环境艺术和人类精神不懈追求的完美诠释，对室内空间可以起到画龙点睛、提升品质、增强艺术表现力的作用。

（二）软装设计师

软装设计师应该是一个多面手，需要掌握的知识是全方位的。作为室内软装设计的学习者，我们首先来了解软装设计师要具备的条件。

1. 全面的专业知识

软装设计师要掌握建筑与室内设计发展史、建筑与室内设计原理、软装设计、设计概念表达、装修与软装材料、室内制图、绘画表现、人体工程学、色彩与照明以及环保低碳设计等方面的设计基础知识，还有最好具有环境理论、人文伦理、东西方礼仪和其他方面的艺术素养。

2. 追求完美细腻的性格

软装设计师一定要细心、追求完美，才能最终使项目呈现一个比较完美的效果。从一个项目的接洽、方案设计到提交，再到最后的摆场实施，每个步骤都要求软装设计师具有敏锐的观察力和认真的工作态度，他们需要考虑很多的细节和完美呈现所要求的各个部分应达到的标准。

上海市劳动技能培训中心对软装设计师的职业描述是：

第一，能精确地掌握公共建筑装饰设计风格且具备成熟的材料选配能力；能独立完成中型项目的前后期装饰设计工作、零星家具的设计，有一定的手绘能力。

第二，有家居、办公房、别墅、样板房、会所、酒店等实际独立设计操作经验；具有敏锐的时尚触觉和创意，执行力强，能准确把握设计后续的施工工艺、结构及材料材质。

第三，有良好的空间感，熟悉材料市场，有一定的价格控制能力。

第四，对设计作品的解释能力较强；擅长与人沟通，有强烈的责任心，能承受工作压力。

第五，有熟练的绘图技巧，能熟练操作设计绘图软件（AutoCAD、3dsmax、Lightscape、Photoshop 等）。

第六，性格开朗，善于沟通；工作效率高，有创新精神，有良好的团队合作精神；工作踏实、认真，有较强的敬业精神；能适应加班、出差。

从以上几个方面我们可以看出，室内软装设计师的职责不仅是摆个花瓶、挂幅画之类的简单工作，其工作是全方位的。软装设计就是按照业主（消费者）的要求，通过设计反映出设计者设计的哲学理念、美学观念、价值取向、历史文脉、时代精神、自然条件、地域特点和民俗民风等，从而起到引导业主（消费者）生活的作用。从这种意义上来说，软装设计师除了要做好设计以外，还应担当起引导客户的职责。

总之，室内软装设计师要有丰富的艺术修养，要精通设计，并具有广博的文学、历史、社会、科学知识，具有开朗包容、浪漫幽默、善于吸纳的性格，还要有对优美与细节的追求，对优雅品位与极致效果的推崇（图 1-1-2）。

专业的室内软装设计师就像是神奇的魔法师，挥舞手中的魔术棒，呈现在业主面前的将是出乎意料、赏心悦目的视觉和生活空间。所以，我们可以这样说，优秀的室内软装设计师应是生活历练够、美学基础深、思维方式细、创造能力强、细节处理精，只有这样才能全面、周到地为客户服务。从长远来说，优秀的室内软装设计师可以保持室内环境长期的新鲜感和营造适宜的气氛。

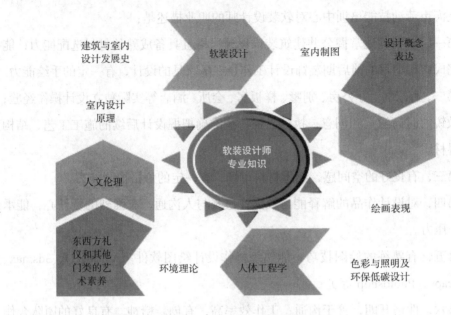

图 1-1-2　软装设计师专业知识

第二节　软装设计的发展历程

20 世纪初兴盛于欧洲国家的装饰派艺术，经过数十年的发展，在 20 世纪 30 年代形成了声势浩大的软装饰艺术。然而，软装饰艺术在第二次世界大战时期已不再流行，但从 20 世纪 60 年代后期开始，又重新引起了人们的关注，并获得了复兴。到现阶段，软装饰已经达到了比较成熟的程度。在中国，家居的装饰风格也从 20 世纪 80 年代的宾馆型和 20 世纪 90 年代的豪华型向现代的简约型转变。从设计的角度来看，现在的家庭装饰设计也逐渐从华而不实、缺乏实用性、一味追求观感向追求简洁、舒适、个性化、人性化的实用主义方向发展。后装饰时代已经来临，"轻装修、重装饰"① 的理念越来越被人们广泛接受与认同，室内软装作为室内设计的一个部分，已经占据了相当重要的位置，不可取代。

一、国外室内软装设计的发展历史

国外室内软装设计的起源可以追溯到古埃及文明时期，在古埃及的神庙和陵墓中可以看到精美的壁画和精致的雕刻，体现了王室讲究的生活方式。而古希腊是西方历史的开源，经济生活高度繁荣，产生了光辉、灿烂的希腊文化，室内环境注重明媚、浓艳与精美，室内布置可见雕塑、杯盘以及描绘着画像的陶器瓶和质地柔软的纺织品。古希腊文明在古希腊灭亡后，由古罗马人破坏性地延续下去，从而成为整个西方文明的精神源泉。古罗马帝国特有的好战文化背景以及奴隶主贵族庸俗的审美观表现为罗马人追求奢华的生活方式，罗马庞贝城宽敞的居室空间里充斥着华丽的帷幔、壁龛以及精美的壁画、雕像和花瓶。

中世纪，拜占庭文化体现出强烈的波斯王朝的特色，用色彩斑斓的马赛克、精美的丝织品来装饰空间、分割空间。哥特时期的室内环境受哥特建筑的影响，以基督教堂最具代表性，尖券、束柱、基督教题材的绘画等元素出现在家具样式和室内帷幔装饰中。

---

① 吴国锦.我主张"轻装修，重装饰"[J].装饰装修天地，1999（12）：1.

文艺复兴时期，绘画艺术作为重点被装饰在墙面和天花板上，家具和悬垂的帷幔更多地反映了以人为本的室内陈设观念。

文艺复兴促使了欧洲文化、艺术的空前发展，人们在早期文艺复兴的样式上加以变形，将绘画、雕刻等复杂工艺运用于装饰和艺术品，用材昂贵、装饰烦琐、感官奢华，形成了"巴洛克风格"。然而一些贵族不满于巴洛克的庄重、严肃，认为室内装饰应该再细腻柔美一些，于是"洛可可风格"兴起了。这一时期的室内陈设显现出柔媚、温软、纤巧、细腻甚至琐碎的特点，充满了女权色彩和浓郁的脂粉味，对浪漫、唯美的盲目追求。为装饰而装饰，决定了它只能为少数贵族服务，辉煌的时刻如流星般转瞬即逝。

20世纪初，新技术、新材料、新工艺给建筑和室内设计带来了划时代的革新，伴随着工业革命，世界文化进入一个新的时代。当人们对着日益烦琐的装饰感到厌烦时，事物就向着相反的另一面进行。工艺美术运动意在重建手工艺的价值，要求塑造出"艺术家中的工匠"或者"工匠中的艺术家"。新艺术运动的威廉·莫里斯强调装饰与结构因素的一致和协调，为此他抛弃了被动地依附于已有结构的传统装饰纹样的观念，极力主张采用自然主题的装饰，开创了从自然形式、流畅的线型花纹和植物形态中提炼的过程。

"少即是多"的口号认为应该摒弃一切功能所不需要的多余形式，而"形式追随功能"的理念倡导脚踏实地重新回到功能至上的原则。

当今世界设计领域向多元化、个性化、专业化发展，21世纪在产品设计与装饰中更是有着将现代主义简约的空间与装饰艺术手法有机结合的趋势。陈设设计作为建筑空间中必不可少的一部分，其简洁与流畅的线条造型、丰富的材质与斑斓的色彩组合、多样化的风格变化和陈设品设计表现将成为以绿色、生态、环保为主题的现代设计与装饰的主流。

二、中国室内软装设计的发展沿革

中国是一个历史悠久的文明古国，几千年的文明历史为人类留下了极为丰富的文化遗产。我国传统建筑的装修、色彩在建筑史上占有突出的位置，至于家具和陈设更是别具一格。从华夏远古先民开辟第一处居巢之时起,一种与居住相关的文化形态随之诞生。

1. 商周时期

商周时期,青铜器多作为祭祀的礼器,并饰以饕餮纹和龙纹,表现出庄重、威严、凶猛的感觉。在商朝后期,青铜手工业十分发达,铜器形制精美,花纹繁密而厚重。

2. 春秋战国时期

春秋战国时期,南国楚地仍保留原始氏族的社会结构,因而楚式家具的纹饰含有浓厚的巫文化因素。家具上装饰鹿、蛇、凤、鸟等图案,这类巫文化使楚式家具软装蒙上一层神秘的色彩。

3. 汉朝

汉朝建筑室内综合运用绘画、雕刻和文字等作为各种构建的装饰,所用的花纹题材大致可分为人物纹样、几何纹样、植物纹样和动物纹样四类。这些纹样以彩绘与雕、铸等方式应用于地砖、梁、柱、斗拱、门窗、墙壁、天花和屋顶等处。

4. 魏晋南北朝时期

魏晋南北朝时期,建筑材料的发展主要在于砖瓦的产量和质量的提高,以及金属材料的运用等方面。室内家具的变化表现在起居用的榻加高加大,人既可躺又可垂足坐于榻沿;榻上出现了倚靠用的长几、半圆形的曲几,还有各种形式的高坐具。

5. 隋唐时期

隋唐时期,家具工艺更接近自然和生活实际,室内墙壁上往往绘有壁画。彩色壁画的装饰纹样常以花朵、卷草、人物、山水、飞禽走兽等现实生活为题材,图案欣欣向荣、五彩缤纷。

6. 宋朝

宋朝进入理性思考的阶段,在哲学上尊崇道教,倡导理学。宋朝家具一改唐朝宏博、华丽的雄伟气魄,转而呈现出一种结构简洁、工整,装饰文雅、隽秀的风格。无论桌椅还是围子床,造型皆是方方正正、比例合理,并且按照严谨的尺度,以直线部件榫卯而成,外观显得简洁、疏朗。

7. 明清时期

明清的室内家具布置大都采用成组、成套的对称方式，力求严谨划一。对称摆放的橱、柜、书架，辅以书画、挂屏、文玩、盆景等小摆设，达到典雅的装饰效果。南方以江南私家园林为代表，厅堂室内用罩、隔扇、屏门等自由分隔，使得室内空间具有似分又合的趣意。博古架和书架兼有家具与隔断的作用，花格的组合形式多种多样，格内陈设工艺品、书籍等，使室内空间达到既有分隔又有联系的艺术效果。北方则以北京四合院为代表，室内设炕床取暖，室内外地面铺方砖，室内按照生活需要，用各种形式的罩、博古架、隔扇等划分空间，上部装纸顶棚，构成了丰富、朴素的艺术效果。

清朝晚期，自道光以后，受外来文化的影响，家具造型开始向中西结合的风格转变，改变了明清家具以床榻、几案、箱柜为主的模式，引进了沙发、梳妆台、挂衣柜等，丰富了家具和软饰品的品种。

8. 当代

当代，新一代设计师队伍和消费市场逐渐成熟，孕育出了含蓄秀美的新中式风格，以华夏文明为原型，将中式元素与现代材料巧妙糅合，以新的姿态呼唤华夏文明在软装设计领域的回归。

第三节　软装设计的功能

一、改善空间

硬装设计中的墙面、地面、顶面围合成为一次空间。由于硬装的特性，一次空间后期很难改变形状，但可利用室内陈设的方式改善空间形态，弥补或遮掩硬装的不足。这种利用家具、地毯、灯光等重新规划的可变空间称为二次空间。创造出的二次空间不仅使空间的使用功能更趋合理，还能让室内空间的分割显得更富层次感。

二、烘托气氛

陈设设计在室内环境中具有较强的视觉感知性，因此对渲染空间环境的气氛具有较强的作用。不同的陈设设计可以营造不同的室内环境氛围，例如，欢快热烈的喜庆气氛、亲切随和的轻松气氛、深沉凝重的庄严气氛、高雅清新的艺术氛围，可给人留下不同的印象。

三、彰显格调

好的软装设计应反映空间使用者的爱好与愿望，彰显其生活品质和格调。

四、表现空间的意境

意境是指文艺作品或自然景象中表现出来的情调和境界，是人们精神上的追求。软装设计师可通过对场景的情感营造，赋予现实场景完整的精神内涵。

五、强化室内空间风格

与建筑设计和硬装设计一样，室内空间陈设也有不同的风格，如欧式古典风格、现代风格、中式传统风格、地中海风格、美式乡村风格等。陈设的造型、色彩、图案、质感等特性可进一步促进环境的风格化。

六、柔化空间，调节环境色彩

陈设设计以人为本，通过软装的方式或手段来柔化空间、增添空间情趣、调节环境色彩，创造出一个富有情感色彩的美妙空间。植物、织物和家具等丰富配饰的介入，无疑会使空间柔和且充满生机。

七、体现室内环境的地域特色

许多陈设品的内容、形式、风格，都体现了地域文化的特征。因此，当室内设计需要表现地方特色时，可以通过软装配饰来呈现。

八、反映个体的审美取向

软装配饰反映了设计者或业主的审美取向。对软装品的选择可明显地表现出设计者或业主的个性、爱好、文化修养，甚至年龄大小和职业特点。

九、艺术化设计，投资化陈设

空间组织与界面规划，室内光照、色彩与材质以及软装陈设艺术这三大部分组成了完整的室内设计，但只有软装陈设艺术是有升值潜力的。软装陈设艺术如果选得好，则有投资增值的效果，如古董、艺术品以及具有收藏价值的家具等。软装陈设艺术应该是一种投资。一名好的软装设计师应该是具有眼光的投资顾问和收藏家，能为客户配置既美观又有经济效益的陈设，这是软装设计师努力的方向。

第四节 软装设计的策略

一、设计策略的概念

设计策略（Design Strategy）指的是通过产品设计获取竞争性优势的计划，原来属于工业设计的范畴。在软装设计中，关于设计策略概念可从以下三点来说明（图1-4-1）：

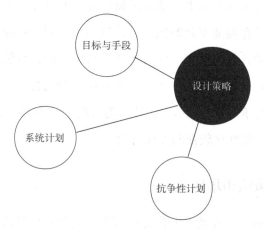

图1-4-1 设计策略概念

第一，设计策略就属性来说是一种计划范围之内的概念。因此，设计策略也同一般概念的计划一样，表现为"目标与手段"体系，即一定的策略目标和为了实现既定目标事先妥善规划的一系列策略手段的组合。

第二，设计策略是具有全面性、长远性的系统计划，其涵盖范围具有全面性、长远性，主要目的是保障企业产品的持续发展与永续经营，是一种处于支配领导地位的设计计划。

第三，设计策略是一种以适应环境和超越其他产品为主要特征的抗争性计划，不仅需要考虑产品周期性，更要随时注意市场环境的变化与竞争对手的挑战对抗。

例如，海南三亚的房地产市场是近些年国内各房地产商竞相争夺的一个火热"战场"，从三亚的三亚湾、亚龙湾到最近的海棠湾。这么多的房地产项目竞相开盘，样板房的设计策略一定要从以下三个方面去考虑：长远性的发展计划是什么，该项目超越其他项目的特点是什么，具体采用什么样的"目标和手段"去实现。这些也是我们做任何设计项目时要考虑的环节，当然，通过这三方面的列表分析也可以更明确我们的设计方向。

二、软装设计策略

软装设计策略就是研究怎么更好地通过软装设计取得竞争优势的计划或设计与实施的过程，特别是在商业空间的执行设计过程中。因为在商业空间中，软装设计是计划范围之内的计划与手段。就房地产样板房来说，软装设计是一种与对手竞争的设计计划，软装设计师不仅要考虑软装设计的流行时尚性，还要随时注意市场环境的变化与竞争对手的挑战。在城市的房地产竞争和商业地产的竞争中，软装设计策略是一种计划性比较强的设计行为。

三、软装设计策略市场研究

软装设计策略的市场研究通常的步骤：首先，设计新概念的样板房产品，开拓新市场；其次，比竞争对手更迎合现有市场的需要；最后，掌握消费者的脉动和需求。

例如，为了具有竞争性优势而发展有两种结果：在技术上有所突破，进行样板房产品的开发与研制，进而开辟新市场；或者开拓性地运用现有技术。而房地产企业销售部门一旦确定了软装设计策略的方针，即意味该企业同时决定了产品的差异化特质、产品开发方向、设计经济成本、设计组织架构等。

软装设计策略分析的外部环境是指存在于企业之外，对企业有潜在影响的各类因素。按对企业影响的程度，环境可分为一般环境、产业环境、企业营运环境，并针对环境与软装设计策略两者间具有密切关联性的现象加以说明。此类分析多用于商业环境的软装，一般的家庭软装不用做类似的分析。

四、软装设计策略消费者研究

软装设计与其他的设计一样需要根据消费者的需求进行市场分析。消费者对某种特定软装设计饰品的需求包含软饰品质量、色彩、使用性、价值、价格等。通常在室内软装设计时对消费者的分析有两大方向，即直接使用者（家庭软装）和间接消费者（商业软装）。对于第一种消费者，我们一定要做好关于消费者的生活行为习惯的调查，并尊重每个家庭成员的爱好。而在商业空间的设计上，我们同样要做相应的调查，还要考虑委托单位的意向和成本核算等方面。

第五节 软装设计的程序

软装设计是室内设计的一部分，涉及整个后期配饰和情景布置，目前的操作流程基本是在硬装设计完成确定后，再由软装公司设计软装方案，甚至是在硬装施工完成后再由软装公司介入。其实，软装设计最好在硬装设计之前就介入，或者与硬装设计同时进行。那么，软装设计的服务流程是怎样的？先通过下图来看操作流程，然后再进行详细介绍（图 1-5-1、图 1-5-2）。

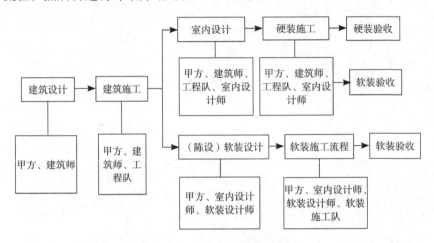

图 1-5-1　建筑项目操作流程图

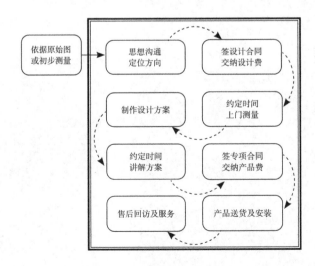

图 1-5-2　软装设计流程图

一、设计师与甲方沟通并进场测量

（一）与甲方沟通事项

与甲方沟通事项包括生活习惯、文化喜好、空间流线（生活动线）、人体工程学、尺度。设计师应该通过这几个方面的内容努力捕捉客户深层的需求点，注意空间流线是平面布局（家具摆放）的关键。

（二）进入现场实地测量

确定初步合作意向后，设计师上门观察房子，了解硬装基础，测量各个空间的尺寸大小，并给屋里的各个角落拍照，包括平行透视（大场景）、成角透视（小场景）和节点（重点局部）。收集硬装节点，绘制出室内基本的平面图和立面图。在完成硬装后测量，这样在构思配饰产品时对空间尺寸的把握就更为准确了。

（三）对色彩元素进行探讨

详细观察了解硬装现场的色彩关系及色调，对整体方案的色彩要有以下几方面总的控制：浅暖、深暖，浅冷、深冷。把握三个大的色彩关系：背景色、主体色、点缀色及三者之间的比例关系。

在做软装配饰设计时要把色彩的关系确定后，做到既统一又有变化，并且符合生活要求。（图1-5-3、图1-5-4）

图1-5-3 暖色调软装设计（作者团队自摄）

图1-5-4　冷色调软装设计（作者团队自摄）

（四）风格元素探讨

明确地与客户探讨设计风格。前提是在尊重硬装风格的基础上，尽量为硬装做弥补与烘托，收集硬装节点（拍照）。

在探讨中强调风格定位。以客户的需求结合原有的硬装风格，注意硬装与后期配饰的和谐统一性，与客户沟通时要尽量从装修时的风格开始，涉及家具、布艺、饰品等产品细节的元素探讨，捕捉客户喜好。

（五）初步构思（定位方案）

设计师综合以上4个环节对平面草图进行初步布局，把拍照元素进行归纳分析，初步选择配饰产品（家具、布艺、灯饰、饰品、画品、花品、日用品、软装材料）。在构思阶段，设计师需要对产品进行分析初选。

在这个环节中，首次测量的准确性对初步构思起着关键作用。

（六）确定初步方案

按照配饰设计流程进行方案制作，注意产品的比重关系（家具60%、布艺20%、其他均分20%）。在这一环节中，如果是刚开始学习配饰的人，最好做2～3套方案，使客户有所选择。

二、签订设计合同

初步方案经客户确认后签订《软装设计合同》，并探讨费用支付问题。第一期设计费：按设计费总价的 60% 收取，测量费并入第一期设计费，如 3 日内提出对初步方案不满意，可在扣除测量费后全额退还第一期设计费并解除合同。

三、二次空间测量

设计师带着基本的构思框架到现场反复考量，对细部进行纠正和产品尺寸核实，尤其是家具，要从长、宽、高全面核实，反复感受现场的合理性。

本环节是配饰方案的实操关键环节。

四、软装方案制定

在定位方案与客户达到初步认可的基础上，通过对于产品的调整，明确在本方案中各项产品的价格及组合效果，按照配饰设计流程进行方案制作，出台完整配饰设计方案。

本环节是在初步方案得到客户的基本认同的前提下出的正式方案，可以在色彩、风格、产品、款型认可的前提下做两种报价形式（一种中档、一种高档），以便客户有一个选择的余地。在此期间，要对配饰元素进行确认，主要需要进行以下步骤：

第一，品牌选择（市场考察）。

第二，定制：要求供货商提供 CAD 图，产品列表，报价。

第三，布艺、软装材料选择：产品考察。

第四，制作产品采集表：灯具、饰品、画品、花品、生活用品等。

第五，与客户签订采买合同之前，先与配饰产品厂商核定产品的价格和存货，再与客户确定配饰产品，按照配饰方案中的列表逐一确认产品。其中，家具品牌产品，要先带客户进行样品确定；定制产品，要向厂家索要 CAD 图并配在方案中。本环节是配饰项目的关键，为后面的采买合同提供依据。

五、签订采买合同

（一）签订合同

第一，与客户签订合同，尤其定制家具部分，要在厂家确保发货的时间基础上再加 15 天。

第二，与家具厂商签订合同中加上家具品类，生产完成后要进行初步验收。

第三，设计师要在家具未上漆之前亲自到工厂验货，对材质、工艺进行把关。

（二）购买产品

在与客户签约后，设计师按照设计方案的排序进行配饰产品的采购与定制。一般情况下，配饰项目中的家具先确定并采购（30～45 天），然后是布艺和软装材料（10 天），其他配饰品如需定制也要考虑时间。

要点：细节决定设计师的水平。

（三）产品进场前复尺

在家具即将出厂或送到现场时，设计师要再次对现场空间进行复尺，已经确定的家具和布艺等尺寸要在现场进行核定。

要点：这是产品进场的最后一关，如有问题尚可调整。

六、进行施工

涉及进场安装摆放的，由设计师亲自摆放。设计师应当合理考虑客户的需求与生活习惯，另外需进行饰后服务，包括保洁、回访和勘察等。

第二章　室内软装设计原则

本章主要探讨室内软装设计的原则，从两个角度进行了阐述，分别是室内软装设计与搭配、室内软装设计与审美。

第一节　室内软装设计与搭配

室内软装设计师在进行设计时，需要重视以下原则：

一、软装设计要与硬装风格协调统一

所谓统一，不是单纯的量化的统一，而是整体搭配上的统一；不是完全一致，而是相对的一致，是指在整体感觉、风格、格调、环境上的统一。

二、比例设计合理

在软装设计中，最适合的比例就是黄金分割比。在设计中遇到此类问题时大都可以运用 1∶0.618 的黄金比例来划分空间。但是如果居室里的比例是统一的，整体风格就会显得过于刻板，所以在处理时要有适当的比例变化，空间就会变得生动、有情趣。

三、风格设计一致

在进行室内软装饰设计时，风格的一致是个大问题，这和硬装是一样的，都要讲究风格的完整性。各种材质的款式、色彩、质地都应该统一在一个相似的大基调中。例如，家具款式是现代简约的，窗帘的图案则应是简约的，否则会产生不协调的感觉。

当然，作为硬装的补充，软装饰的风格可以适当宽泛些，因为它的面积、比重是相对而言的，面积较小，对整体空间的影响会小一些，而对于窗帘、地毯等面积较大的则需要慎重考虑。

四、色彩搭配协调

色彩是人们产生的第一印象，是室内软装设计不能忽视的重要因素。在室内环境中，各种色彩之间的和谐与对比是最根本的关系。如何恰如其分地处理好这种关系，是创造室内空间气氛的关键。

看似平常、简单的色彩搭配，讲究起来还是很值得推敲的。因此，在室内软装饰中，掌握色彩协调的关系尤为重要。

色彩的协调要求各色彩之间有着某种联系，如色彩接近、明度有序或纯度相近等，从而产生统一感。但是，软装不同于绘画，为了保持室内空间的氛围与活力，应尽量避免室内色彩过于平淡、沉闷与单调。例如，在胡桃木的桌面上放青铜色的烟灰缸，两者颜色相近，容易混为一体。当然，软装中过多地使用对比也不可取，会给人眼花缭乱的感觉。

五、个人特点突出

强调个性特征是室内软装饰设计的一个重要原则。室内软装饰的个性特点，不仅反映了不同民族、不同地域、不同信仰的主体的价值观和欣赏倾向性之间的差异，而且更突出、集中地表现了主体特定的物质和精神需求。影响主体个性需求的因素是多方面的，既有主体的职业、性格、生活习惯、文化修养、审美情趣等方面，也包括主体的经济状况、居住条件和对居室功能效应的要求等方面。因此，主体的个性要求是多种多样的，这也就决定了室内软装饰设计的丰富多彩、变化无穷。

第二节 室内软装设计与审美

随着人们生活水平的提高,人们对于艺术审美的要求不断提升,室内软装设计在人们心中的地位也逐渐突出。为满足人们对室内软装设计的需求,研究其美学原则与色彩搭配的问题尤不可少。

一、软装设计的基本美学原则

室内软装设计所要遵循的性质和美学规律也就是视觉艺术的共同性质,前人对客观世界美学认识的经验可以总结为这些共同性质、美学规律和意味形式。室内设计的室内整体空间视觉形象是空间形态通过人的感觉器官作用于大脑的反映结果,所以室内软装的基础主要有以下两个方面:

一方面是体现整体感。室内设计空间中的软饰品一定要与室内整体的效果相配。有很多设计师喜欢把各个部分做成不同的风格,虽然局部的效果很好,但从整体来看却非常琐碎,缺乏整体感。有的室内软装做得非常简洁,这并不是设计师在偷懒,而是设计师懂得每一件软饰品都只是整体室内空间的一部分,必须与整个团队形成一体才能组成和谐的"乐曲"。

另一方面是室内要保持整齐、清洁并遵循一定的序列。没有人愿意在杂乱无章的空间中停留。整齐和有序是保持室内方便、实用的第一要素,也是室内软装设计必须遵守的首要原则,软饰品的摆放整整齐齐、排列有序本身就是非常美的展现。而室内软装设计的软装艺术空间构图是设计师基本艺术素质的表现,这种艺术素质的养成主要来自艺术类的专业基础训练。这些美感的形态构成基本原理如下:

(一)形式美感的训练积累

1.尺度和比例

局部与整体之间、物体与物体之间要有良好的关系,这些关系包括物体的长短、大小、粗细、厚薄、浓淡和轻重等恰当的配比,还可以分为理性和感性的比例关系。

在实际操作中，设计师更多地靠敏锐的感觉来判断比例和尺度的问题。在室内空间中，所有的物品都要掌握好尺度和比例，这种比例首先要有宜人的尺度，其次物品和物品之间要和谐。例如，小空间最好不要摆超大的饰品；如果空间太空旷，只有很小的家具软装就会显得小气，物品等的尺寸不适合人的使用等。

2. 统一与对比

统一与对比是艺术设计的基本造型技巧。把两种不同的物体、色彩等做对照或某部分保持一致，就被称为统一与对比。在室内软装设计中，统一与对比是经常采用的设计手法。在大的室内空间中，各种材质的款式、色彩、质地应统一在一个相似的大基调中。例如，家具款式是现代简约的，窗帘花形则最好是比较简约的，各种家具的质地木纹也最好与这种简约风格保持一致。在设计中最容易达到美的要求的就是整齐、统一的标准，特别是在窄小的、用途较杂的空间中，各类室内物品的摆放更要注意统一。同时，为了使相似基调的室内空间不显得单调、呆板，通常还会注意局部小的变化。例如，在现代古朴室内的局部点缀一盆红彤彤的鲜花，整个空间立即就有了生气，这就是色彩与古朴软装品之间的对比。

3. 和谐

和谐就是协调的意思。为了使室内成为一个非常和谐、统一的整体，室内软装设计首先要满足功能要求，其次要使室内的各种物品保持协调。和谐分为物体风格样式的和谐、造型的和谐、色调的和谐、材料质感的和谐等。室内软装设计中和谐是最重要的形式法则，室内各种物体给人视觉的感受总体上应是协调的、稳定的，这种和谐也是各种不同类型的饰物在体量、表面质感、内在韵味上达到的一种统一。和谐能使人在视觉上、心理上获得宁静、平和、温情的满足。

4. 对称性

室内软装中最常用的就是对称，尤其是中式的室内空间。生物体原本就是对称的形式，很早就被人认识和应用，它可以分为绝对对称和相对对称。但过于对称的布置给人一种平淡呆板的视觉印象，在基本对称的基础上，局部的不对称可产生变化，具有一定的动感。例如，中式的室内软装家具都基本上是对称式的排列，使人感受到秩序、庄重、整齐之美。

5. 均衡稳定性

均衡法是物体遵循力学原则的表现，打破了对称的格局。均衡不同于对称，均衡通过相等或相似形状数量、大小的不同排列，给人以视觉上的稳定感觉。在室内软装设计中，从人的视觉心理感受来说，居家饰品不一定要对称，但必须具有一定的平衡感，不能一边是空荡的，而另一边是堆满的。从视觉感受上来说，如顶棚颜色通常应该浅于地面，以免让人产生头重脚轻的感觉。

6. 创造一个视觉艺术中心

设计师要规划好居室内的配饰品、光线和家具，并进行对称搭配，以创造一个空间协调、氛围和谐的室内环境。在一个区域和范围内，视觉上要有一个中心，这一原则可使每处居室内都有一个亮点，这个亮点也可以使室内软装设计的总体风格易于把握和突出。

在大型的室内公共空间中，设计师也可以选择一些公共艺术作品作为建筑室内的一个很好的艺术中心区，这样能够有效提升空间的艺术气质。

7. 节奏和韵律

在色彩、造型等方面进行反复、渐变等有规律的变化，能够给造型单一、连续重复所产生的排列效果注入活力，也会产生出五彩缤纷的艺术效果以及有节奏的韵律。节奏具有基础性和条理性，韵律可以在节奏的基础上赋予一定的感情色彩。节奏和韵律在复式和别墅房型的布置设计中运用较多，特别是大型公共空间里的装饰手法都会贯彻这一设计原则，使整个空间给人一种有规律的变化，让人们联想到音乐节拍的高低、强弱，给人愉悦的韵律感。

为了创造出五彩缤纷、身临其境的理想室内软装环境，设计师在进行室内软装设计时还需要遵循丰富、简洁、仿生、几何、渐变、光影、独特、倾斜等等规律，并且充分地发挥这些艺术的规律的作用。

（二）构思、经营布局巧妙、合理

构思的巧妙决定了室内软装设计的优劣。"意在笔先"，构思在艺术设计中是非常重要的，设计师可以在构思的过程中大胆、充分地发挥想象力，充分地表现与环境使用特点相关的软装艺术。巧作经营、布局合理是人们平时在绘画中运用的构图章法，也是设计师在软装艺术中的一种手法。

在绘图中，巧作经营是一种构图方法；在软装设计中，布局合理则是一种重要手段。构图是艺术的一副骨架，就像是人的骨骼，人身体的全部重量依靠骨骼支撑，而画面全局结构的基本形状就是骨架，它能够支持画面构成各种各样的风格和形式。《画评》中提出了"置陈布势"，它的意思是指画面位置陈列讲究布局气势。① 中国画通过骨架的运动来表现"势"的起伏、回转和倾斜，从中可以看出在绘画中骨架的重要作用。例如，根据分区功能的需要，餐饮空间环境可以间隔成残缺形、折线形、弧线形等很多不同的形状，采用半通透的隔断墙也能达到良好的效果。

1. 观察

软装艺术的观察在于对室内软装的专业钻研和探讨。善于用心观察的人能发现别人所看不到的东西，所以说观察不只是收集软装物品的数量，最主要的是观察居住者的生活习惯或是能体现具体风格的细节，特别是一般人容易忽略的细节。另外，设计师要系统地、有计划地养成一个习惯，把自己的观察记录下来；要用心地去观察，动脑筋思考、比较、分析、研究，最终会有意想不到的收获。

2. 想象

想象力是需要培养的，设计师要注意锻炼这种能力。软装设计就像是想象的学校，同时也是情感的学校，把情感积累起来，通过具体的陈设艺术来达到预设氛围效果的目的，呈现给受众。设计艺术家要有各种各样生活的体验，缺乏生活体验的人就缺乏想象力。想象力的丰富是软装设计成功的关键。

一件事情过去做过，现在回想起来叫作"记忆"。对于从未经历的事情，我们可以从记忆之外对记忆的东西进行联想，产生一种飞跃，这样就会产生想象、幻想。从事软装艺术设计的人特别需要这种想象力，如具有童心的画家米罗，被人称为"把儿童艺术、原始艺术和民间艺术糅为一体的大师"。软装设计师的想象是建立在大量的生活体验和实际的观察上，才有可能在这个"记忆"的基础上产生丰富的想象。

---

① 李羚. 顾恺之"置陈布势"观点分析 [J]. 艺术品鉴，2019（29）：58-59.

3. 夸张

夸张在创造性的想象中起着重要作用。夸大了软装物的重要性，则更动人、更具表现力，所以将创造的想象力化为软装艺术就要运用色彩、造型、构图的夸张手法，同时要注意将丰富的想象力同严格的智慧结合起来，用智慧来控制想象力。

4. 技能表现

软装设计构思的技能重在表现力，特别是平面的表达。技能越精、越好，想象力就越能成为现实。技能来自锻炼，技能越高，完成创造力的机会就越多。一个人的技能是有意识的活动，是艺术的技能。软装艺术家也要如此提炼，尽量不要用加法，要用减法，以少胜多、少而精是软装的基本原则。另外，一名优秀的软装设计师，对其现场摆设的技能要求也非常高，应尽量选用环保、自然的软饰品来创造高意境、高情趣的宜人环境。

5. 习惯

上文所讲的内容都离不开习惯，好的习惯对练习创作有很大的作用。一个软装设计师应使其身边的环境越变越美。一屋不扫，何以扫天下。只有具有这种日常的习惯，设计师才能创造出美的环境。

6. 兴趣

对于软装设计的艺术构思来说，要时刻保持对生活方式的表现、时尚和艺术的敏感。兴趣的保持是一种很广泛的生活态度。

（三）造型特点贵在独特

室内的软装环境具有人为的和自然的两个基本面，基本组成要素主要是材料、光线、色彩、造型等。室内环境的造型性格等可以被塑造，进而影响居住者的日常行为举止。

从人类发展的历史长河中我们不难发现，人类追求美好以及富有生命力、独创性的室内软装空间。室内的造型丰富多彩，它的主要特点是创造室内性格。例如，某饭店的造型围绕形形色色的绿化展开，整体的空间已经融入一片绿色的海洋，独具空间的魅力。

二、软装设计之色彩搭配

（一）色彩基础

色彩是奇妙的，能够表达人们的情感和联想，对人们的生理和心理反应产生影响，甚至会影响人们对于事物的客观理解和看法。在居室设计中，软装设计师是情感的表现者和美好事物的创造者，学习掌握如何在色彩方面进行搭配是软装设计的基本功。可以说，软装设计的灵魂与精髓就是色彩，作品的成功取决于设计师准确掌握色彩的搭配方法。

1. 色彩语言

色彩不仅能够给人带来明暗、轻重、冷暖、远近的感觉，还可以使人们产生很多联想。色彩分为两大类，即有彩色和无彩色。有彩色是指有单色光，即赤、橙、黄、绿、蓝、靛、紫；无彩色是指无单色光，即黑、白、灰。通过纯度、明度、色相的变化，这些基本色可以配比出能给人带来不同的心理、视觉感受的各种色彩。

2. 色彩属性

色彩一共有三种属性，分别是色相、明度和纯度。

色彩是指由于光波的不同使人们产生不一样的感受，光波的变化导致色彩种类的变化。色相的定义为色彩的相貌，是各种颜色的种类名称。色相的数量是无穷多的，并且由冷暖来具体定义。

明度的定义为色彩的明亮程度，表达在室内空间陈设上物体的深浅程度和亮度。黑色物体的反射率最低，因此它的明度也最低；而白色的物体则恰恰相反。为了在室内产生的视觉效果丰富多彩，室内的色彩明度要千变万化。

纯度的定义为色彩的纯净度，色彩纯度的高与低能够给人华丽或者朴素的感觉。要想改变色彩的性质，最为简单的方法就是改变纯度，只要稍微降低任何一种色彩的纯度，色相就会存在质的变化。在现实的配色过程中，如果将黑色不断混入色彩中，它的纯度和明度就会同时降低（图2-2-1）；如果将白色不断混入色彩中，该色相的纯度就会逐渐降低，而明度会逐渐升高。

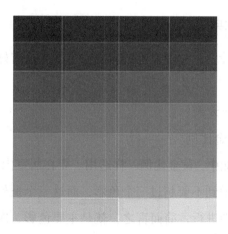

图 2-2-1 黑色、白色不断混入，纯度和明度同时改变

3. 色彩对比

我们通常所说的色彩对比基本是指在色相层面上，根据各色之间在色相环上的间距，可以判断出目标色的同类色、邻近色、类似色、中差色、对比色和互补色之间的关系（表 2-2-1）。

表 2-2-1 色彩对比表

对比类型	强度	在环上的距离	对比属性	对比语言
同类色	弱	相距 15° 的对比	同一色相、不同明度的对比	内敛、朴素
邻近色	弱	相距 30° 的对比	邻近色相对比	亲和、典雅
类似色	弱	相距 30°～60° 的对比	类似色相对比	和谐、雅致
对比色	强	相距 120° 的对比	效果比较强的对比	浓烈、兴奋
互补色	强	相距 180° 的对比	效果最强的对比	不稳定、刺激

在色盘中，蓝色和橙色是冷暖色的两极，其中蓝色是最冷的颜色，而橙色是最暖的颜色。暖色能够带给人激情、活力和表现力等感觉，在空间位置中让人觉得靠前；冷色能够带给人冷静、谨慎、静谧等感觉，在空间位置中让人觉得靠后。

我们经常把没有冷暖感的无色系视为中立色，如灰色、白色和黑色等。灰色、白色和黑色等色彩在实际的色彩搭配中也会表现出一定的冷暖感，那是由于与其搭配的色彩给其造成了一定的影响。在色彩中，彩色系的色彩冷暖感带给人的感觉非常突出，而无色系的色彩冷暖感带给人的感觉就不是很突出。

（二）色彩搭配宝典

在软装的色彩设计中，学习搭配的方法很重要。没有好与不好的色彩，只有搭配得好与不好。

1.色彩搭配的黄金方式

（1）善于利用黄金比例

在室内色彩的搭配中，黄金比例一样适用。要在居室内进行合理的色彩搭配，色彩构成的框架应该做到不要超过三个色彩，而这三个框架的色彩比重分配要按照 60：30：10 的原则进行，简而言之，就是主要色彩、次要色彩和点缀色彩的比例应为 60：30：10。例如，在一个室内空间里，墙壁的比例为 60%，窗帘、床品、家具的比例为 30%，小的饰品和艺术品的比例就为 10%。虽然点缀色是所有色彩中占有比例最少的，但它起到的强调作用是无法取代的，这个法则就是在任何时间、任何地方都可以使用的黄金法则。

（2）谨遵大自然的教导

人类中虽然有很多顶尖的配色设计师，也能够通过色彩规律来调和、搭配出很美好的空间色彩，但是世界上最好的色彩搭配师就是大自然。大自然的色彩搭配鬼斧神工、与生俱来。大自然是顶级的色彩搭配师，我们可以师法自然，从山峦、海洋、动植物等自然界的颜色中学习色彩搭配。

（3）借鉴国际品牌的色彩

几乎每一个国际品牌都拥有自己的配色研究团队，配有顶级的设计师，他们设计的配色能够引领世界潮流，是时尚色彩流行的前沿。通过借鉴国际品牌的色彩搭配，注重细节和配色方式，设计师就能创造出引领潮流的设计品。

（4）从儿童的画作中学习色彩

儿童在初学绘画时，基本是出于本能选择色彩。儿童天真烂漫，当他们把各种色彩进行自由的排列组合后，经常能给人呈现出一幅幅令人兴奋的、多姿多彩的画面。

（5）从民族工艺中学习色彩

色彩语言的表达方式是多种多样的，每个国家、每个民族都有属于自己的特点。所以，设计师一定多借鉴民族的工艺品，搭配出具有特色的室内色彩，这样有助于较快地掌握设计风格。

2.功能空间色彩搭配技巧

（1）小型空间的装饰色

为了让小型空间显得更大、更开阔，可以巧妙、灵活地运用淡雅、清爽的墙面色彩；为了增加空间整体的活力、动力以及趣味性，可以有选择地点缀强烈、火热、艳丽的色彩；为了增加整体空间的层次感，让其看上去更宽敞而不单调，可以叠加深浅不同的同类色。例如，在一个30平方米的空间内搭配了姜黄色的绒面沙发与经过精心打磨的黑色茶几和电视柜，还有金属框镶嵌的装饰画和落地灯，这些元素共同增强了空间的艺术气息和华丽感。

（2）大型空间的装饰色

为了让大型空间显得温馨、温暖、舒适，可以采用暖色和深色。同时，为了制造视觉焦点，可以在大型空间的装饰墙上采用显眼、强烈的点缀色。为了使大型空间显得紧凑、突出中心，不要让同色的装饰物分布在屋内的各个角落，集中陈设颜色相近的装饰物会使室内空间产生聚集的效果。

（3）从天花板到地面纵观整体

协调室内整体从顶部天花板到底部地板的色彩，才能够达到让空间协调的目的。按照重量划分色彩是最容易的方法，浅色的重量是最轻的，适合室内顶部的天花板；暗色的重量是最重的，可以在室内下面的部位使用，而室内中间的部位，可以使用重量适中的色彩。深色能够产生缩小空间的效果，如果把天花板刷成较深的颜色或者和墙壁一样的颜色，整个空间就会给人一种比较小、比较温馨的感觉；相反，相对较浅的颜色能够给人一种空间扩大的感觉，使天花板显得更高。

（4）色彩支配统一性

在做室内设计的时候，我们选择的色彩一定要是相对突出的，其他的色彩要以这个色彩为核心，并且围绕其展开，哪怕是一个小小的点缀色。比如，为了使整个空间协调、温馨，如果确定了窗帘的颜色，那么家具、饰品等色调的选择都要与其协调一致。

（5）三色搭配最稳固

在前期室内设计以及方案的实施过程中，在白色、黑色不算色彩的前提下，空间配色的数量尽量少于三种。比如，选择蓝色作为空间主色调，而选择红色、咖色作为点缀色。为了让空间更加系统、和谐、温馨，给人以一种良好的空间感觉，在同一空间内最好使用同一配色方案。

（6）空间配色的次序非常重要

空间配色方案要遵循一定的顺序：硬装—家具—灯具—窗艺—地毯—床品和靠垫—花艺—饰品。

（7）善于使用中性色彩

为了调和色彩搭配，突出其他的颜色，要善于使用金、银、黑、白、灰五种中性色彩。这五种颜色可以降低疲劳，能够给人一种非常轻松、自由的感觉。其中，金、银色是百搭色，可以陪衬其他的任何颜色。当然，金色是不包括黄色的，银色是不包括灰白色的。

（三）主题色彩配饰方法

1.路易十四式风格的主题色彩

路易十四式风格的主题色彩比较崇尚鲜艳的金色、红色、绿色和紫罗兰色。法国著名室内设计师 Jacques Garcla（雅克·加西亚）的作品不像路易十四式风格的装饰繁复、古典、雅致。设计师在设计此房间空间软装时，将路易十四式风格的元素、镀金的相框、浓烈的红色背景墙以及线条简洁干净的扶手椅、沙发等家具巧妙地结合起来。

2.西班牙传统风格主题色彩

西班牙传统风格主题色彩是温暖浓郁的绿色、金色、红色和蓝色，在粉饰墙面时多采用陶土色或者灰泥。西班牙风格的色彩大多体现了原木的厚重感，色彩古朴，带有贵族气质。而在十六世纪左右，装饰色彩注重色彩的混合效果，以草绿色、蜂蜜黄色等为主，且能够协调平衡室内木材的深颜色和墙面的白色。

3.东南亚传统风格主题色彩

东南亚传统风格主题色彩以深红色、褐色等深浅不同的色彩为主，通常在自然色中取色，并且选择高饱和度的色彩，特别倾向于深颜色。布艺软装多用来体现东南亚风格的色彩，而东南亚风格多采用天然原木色与带有宗教色彩的金色、紫色搭配，并广泛采用石材、藤条等天然原材料，深木色的家具和质感柔滑的布料以及金颜色的壁纸。在较为简洁的硬装衬托下，原木藤椅，色彩斑斓的抱枕、脚凳在整个空间中起到了烘托氛围的作用。

4. 现代风格主题色彩

现代风格主题色彩是组合搭配而成的，如灰色、白色、黑色，具有纯净且简单的整体风格，但是给人以一种冰冷的感觉。设计师可以选择饰品进行色彩调和，如可以点缀暖色的饰品。现代风格的色彩设计通过强调原色之间的对比协调来追求一种具有普遍意义的永恒的艺术主题。装饰画、织物的选择对于整体色彩效果也起到点明主题的作用。

5. 法式田园风格主题色彩

法式田园风格主题色彩多采用米黄色、淡蓝色等低纯度、淡雅自然的颜色组合，这些自然色彩体现了优雅、浓郁的生活气息，使人感受到别样的、宁静的法式风情。

6. 美式田园风格主题色彩

美式田园风格主题色彩多采用层叠刷漆的方式，并由此展现出多层次的色彩。纯朴的多层次色彩能够表现悠闲的生活情趣，这种方式、方法起源于美国，一些乡村的村民为了保持谷仓木头表面的湿润，就经常在这些木头表面喷漆。但随着时间的流逝，一部分油漆逐渐脱落，就会将以前不同颜色的各层油漆暴露出来。

7. 地中海风格主题色彩

高饱和度的自然色彩组合是地中海风格的最大魅力，在色彩方面的特色都可以通过这一地区的很多国家来展现，如以白色和天蓝色为主的希腊，以薰衣草的蓝紫色为主的法国，以金黄色的向日葵花色为主的色彩明快的意大利，以岩石和沙漠的红褐色和土黄色组合为主的广阔的北非，以白色和蔚蓝色为主的浪漫的西班牙。但是不管是哪个地域、哪个国家，都能将这种风格中"海"与"天"的极致美表现得淋漓尽致。

8. 英式风格主题色彩

英式风格主要体现了贵族气质——高贵大气，更多是以深色以及稳重的色彩为主，软装以欧式大花纹及素雅的格子图案为主。英式乡村风格注重木质的厚重感，色彩也比较素雅，稳重的色彩营造了古典美观、雅致柔美、简洁浑厚的空间氛围。

9. 中式风格主题色彩

在描述中式风格主题色彩的时候，应该分为三种类别，分别是古典中式、新古典中式和现代中式。尽管这三种都是中式风格，但它们有着完全不同的表现手法。

（1）古典中式风格

以纯度高的色彩为主，如红、黑、蓝等。红色有着富贵吉祥的寓意，最具有代表性，红与黑是经典的古典中式的色彩搭配。

（2）新古典中式风格

新古典中式风格是一个结合产物，它的基础是古典中式风格，并与现代中式风格紧密结合。它按照古典中式风格的构件来完善、改造构件的造型、材质。在家具的摆放方面，它以舒适为主，这是与古典中式最大的区别。例如，某地产项目软装设计样板间，背景墙的设计体现了"一声啼鸟破幽寂，正是山横落照边"的意境，飞鸟掠过光影，远山缥缈隐约，活灵活现，如庄公梦蝶，无问真实与虚幻，感受此刻悠然忘我的心境。

（3）现代中式风格

现代中式风格的主要配色方式多采用颜色较深的木墙板，并搭配相同色系的浅色新中式家具，这种简练的色彩能够让古典元素更大气、更时尚。

（四）色彩使用的注意事项

1. 红色的使用

红色不宜长时间作为空间的主色调。居室内如果有大量的红色，就容易使人产生疲劳。如果用红色的小物件来点缀房间，则能营造出喜庆的氛围。

2. 橙色的使用

橙色不宜用来装饰卧室。橙色给人的感觉是朝气蓬勃、充满活力的，但是会给人的睡眠质量造成影响；在餐厅中，橙色能够刺激食欲；在客厅中，橙色能够创造愉悦的氛围。

3. 黄色的使用

黄色不宜在书房中使用。如果长时间接触大面积、高纯度的黄色，容易使人产生困乏的感觉，但是可以在客厅与餐厅中用黄色进行适当的点缀。

4. 紫色的使用

紫色不宜大面积使用在居室或儿童房中。大面积使用紫色，会使人产生忧郁的情绪，让人觉得无奈，但局部使用却可以显出高贵和优雅。典雅的粉紫色搭配白色的壁炉、跳跃的装饰画色彩和随意放置的紫色系抱枕、披肩，勾勒出一幅悠闲、典雅的下午休闲时光画面。

5. 蓝色的使用

蓝色不宜大面积使用在餐厅、厨房和卧室。蓝色调的餐厅会让人减少食欲，让人觉得寒冷，并且不利于睡眠，但蓝色作为点缀色时，能够起到调节作用。

第三章　室内软装设计的风格

"风格"在《辞海》中的解释是:"一个时代、一个民族、一个流派或一个人的文艺作品所表现的主要的思想特点和艺术特点。"了解历史、人文对从事软装设计有很大的帮助。熟知设计风格及其演变的历史,掌握风格的运用方法,能很好地提高设计能力,提高艺术审美能力,开阔眼界,为设计拓展灵感来源及寻找新的方法。

第一节　中式风格

中式风格贯穿于中国几千年来的历史文脉，融汇了中国历朝历代的文化传承，是中国文明的综合体现。随着时代的发展和各项技术的进步，中式风格也有了新的演变。中式风格主要分为中式古典风格和新中式风格。

一、中式古典风格

中式古典风格吸收了中国传统文化内涵和传统装饰的"形"与"神"，汲取了我国传统建筑结构、装饰、家具造型和特征，给人以历史延续和地域文脉的感受。它使室内环境突出了民族文化渊源的形象特征。中国的文化博大精深，不同的朝代、不同的民族各具特色。

中式古典风格主要是运用我国传统木构架建筑室内的藻井、天棚、挂落、雀替的构成和装饰，以木材为主，充分发挥木材的物理性能，创造独特的木结构或穿斗式结构，讲究构架制的原则和建筑构件规格化，重视横向布局，利用庭院组织空间，用装修构件分割空间，注重环境与建筑的协调，善于用环境创造气氛。在空间中，多采用对称的布局方式，讲究层次感，并借鉴中国古典园林的装饰手法，营造移步换景的装饰效果。空间的划分多用隔窗和屏风来进行。在室内家具中，多以明、清传统家具为主，如床榻、椅凳、几案、橱柜、架几案、套几、多宝格等。在室内的收纳装饰中，多用字画、匾幅、挂屏、盆景、瓷器、古玩、博古、屏风、架等。在装饰手段上，多用彩画、雕刻、书法等艺术手段来营造意境。图案多表现"吉祥""求福""长寿""喜庆"等美好寓意，如龙、凤、龟、麒麟、仙鹤等瑞禽仁兽；松、竹、梅等品性高洁、经霜不凋的植物；正方形、长方形、八角形、圆形等饱满外形；福寿双全、五福捧寿、四合如意等吉祥象征。在色彩上，主要以红、黄、青、白、黑为主要颜色。

二、新中式风格

新中式风格也被称为现代中式风格，是将中国传统文化与现代元素相结合，用新技术、新材料结合现代人们的生活方式将中国传统的元素、精神内涵、追求的意境融合、提炼、演变，用现代的手法表现出来，令古典元素更具有简练、大气、时尚等现代感，令现代家居装饰更具有中国文化韵味，使中国的传统文化、艺术脉络传承下去。

新中式风格诞生于中国传统文化复兴的新时期。20世纪末，中国经济不断复苏、国力增强，在建筑设计中出现了各种不同的设计理念，包含了当下的各种欧美设计风潮。随后，国人又开始以中国传统文化为依托来审视身边的事物，便有了国学的兴起，中国的传统元素渐渐被设计师融入设计中，被大众所熟知并广泛应用，从此中国的建筑及室内装饰开始了中式风格设计的复兴。

新中式风格是中国传统风格文化意义在当前时代背景下的演绎，是对中国当代文化充分理解基础上的当代设计。新中式风格不是对中国传统古代建筑、装饰、家具中的传统元素进行简单的还原和描摹，而是通过对传统文化的认识，将中国传统文化的精神、特征及传统元素与现代元素结合在一起，以现代人的审美需求来打造富有传统韵味的事物，使其亲切、自然地融入设计中去，让传统艺术在当今社会得到合适的体现。新中式风格是以中式古典风格为依托，将中国的传统文化与当代文化结合，努力实现传统文化的现代性转化，使从未褪色的文化自信得以延续。

新中式风格是中国古典风格的延续，是中国文明和中华文化精神内涵的延续。良田美池桑竹、写诗焚香插花、抚琴品茗作画，无不透露出风雅、韵味的生活美学。随着硬木技术的日趋成熟，无论是木作还是藤编，都以展现材料本身的质感和色彩为主要表现手法，返璞归真，对传统元素符号进行艺术的转译，得意而不忘形，充分利用环境，营造出符合当今东方美学主流意识的文雅气氛。

中式古典风格的造型和装饰纹样都具有象征意义或文化寓意，新中式风格在原有的结构和造型基础上，运用现代构成手法，提炼、抽象、去繁化简，保留神韵和基本结构形态，与现代的元素或其他风格元素相融合，以新的面貌呈现出来。抑或不用其框架，只提取其中的传统元素，通过简化、夸大或抽象化的处理，将其应用到其他风格的细节中去。

　　新中式风格在空间方面依然延续传统，讲究空间的层次感，在空间分割时使用中式的屏风、窗棂、中式木门、工艺隔断、简约化的中式"博古架"等，使整体空间更加丰富，大而不空、厚而不重，有格调又不显压抑。在元素使用方面提取传统文化中的象征性元素，如"回"字纹、波浪形、中国结、花卉、如意、瑞兽、山水字画、青花瓷等。在使用功能方面更注重舒适性，融入人体工程学，满足人们的使用需求，使设计更人性化。

第二节　欧式风格

欧式风格泛指欧洲特有的风格。欧式风格是传统风格之一，是指具有欧洲传统艺术文化特色的风格。

欧式风格最早来源于埃及艺术，埃及的历史起源被定位于公元前 2850 年左右。埃及的末代王朝君主克里奥帕特拉（著名的埃及艳后）于公元前 30 年抵御了罗马的入侵。之后，埃及文明和欧洲文明开始合源。其后，希腊艺术、罗马艺术、拜占庭艺术、罗曼艺术和哥特艺术构成了欧洲早期的艺术风格，也就是中世纪的艺术风格。从文艺复兴时期开始，巴洛克艺术、洛可可风格、路易十六风格、亚当风格、督政府风格、帝国风格、王朝复辟时期风格、路易·菲利普风格、第二帝国风格构成了欧洲的主要艺术风格。这个时期是欧式风格形成的主要时期，其中著名的莫过于巴洛克和洛可可风格了。欧式风格追求华丽、高雅，设计风格直接对欧洲建筑、家具、绘画、文学、音乐艺术产生了极其重大的影响，具体可以分为六种风格：罗马风格、哥特式风格、文艺复兴风格、巴洛克风格、洛可可风格、新古典主义风格。

一、罗马风格

罗马原本是在公元前 8 世纪，由拉丁人在意大利半岛西部泰伯河下游建立的一个小城邦国家，并在地中海沿岸逐步地发展，从公元前 8 世纪到 476 年，书写了长达近 13 个世纪的历史。古代罗马建筑是建筑艺术宝库中的一颗明珠，承载了古希腊文明的建筑风格，凸显了地中海地区特色，同时又是古希腊建筑的一种发展。古罗马在公元前 2 世纪成为地中海地区强国。与此同时，罗马人也开始了罗马的建设工程。到 1 世纪罗马帝国建立时，其城市基础设施建设已经相对完善，城市逐步向艺术化方向发展。罗马建筑与其雕塑艺术大相径庭，以建筑的对称、宏伟而闻名世界。

罗马风格以豪华、壮丽为特色，券柱式造型是古罗马人的创造，两柱之间是一个券洞，形成一种券与柱大胆结合的装饰性柱式，成为西方室内装饰鲜明的特征。广为流行和实用的柱式有罗马多立克式、罗马塔斯干式、罗马爱奥尼克式、罗马科林斯式及其发展创造的罗马混合柱式。古罗马风格柱式曾经风靡一时，现在在室内装饰中还常常应用。

二、哥特式风格

哥特，又译为"歌德"，原指代哥特人，属西欧日耳曼部族，最早是文艺复兴时期被用来区分中世纪时期（5—15 世纪）的艺术风格，源自曾于 3—5 世纪侵略意大利并瓦解古罗马帝国的德国哥特族人。在 15 世纪时，意大利人有了振兴古罗马文化的念头，因而掀起了灿烂的文艺复兴运动。哥特式并非一种固定的形态，而是表现出一种状态、一种过程，是历经中世纪漫长思想禁锢过程后人们开始对世界重新思考的迹象。

哥特式艺术是夸张的、不对称的、奇特的、轻盈的、复杂的和多装饰的，以频繁使用纵向延伸的线条为特征，主要代表元素包括黑色装饰、蝙蝠、玫瑰、乌鸦、十字架、鲜血、黑猫等。哥特式建筑又译作歌德式建筑，是在 1140 年左右以法国为中心而发展起来的，是罗马式建筑的传承升华，常被使用在欧洲主教座堂、修道院、教堂、城堡、宫殿、会堂以及部分私人住宅中，其基本构件是尖拱和肋架拱顶，整体风格为高耸瘦削，其基本单元是在一个正方形或矩形平面四角的柱子上作双圆心骨架尖券，四边和对角线上各一道，屋面石板架在券上，形成拱顶。在设计中利用尖肋拱顶、飞扶壁、修长的束柱，营造出轻盈、修长的飞天感。新的框架结构能够增加支撑顶部的力量，予以整个建筑直升线条、雄伟的外观和内部空阔空间，并应用来自阿拉伯国家的彩色玻璃工艺，用彩色玻璃镶嵌窗户，来凸显浓厚的宗教气氛。

三、文艺复兴风格

文艺复兴运动最早发生在 14 世纪的意大利。所谓文艺复兴其实就是古代学术的复兴，而这个运动的思想性实质则是人文主义。文艺复兴运动提倡以现实的"人"为中心，肯定"人"是现实生活的创造者和享受者；提倡"人性"，反对教会的"神性";提倡"人权",反对"神权";提倡"人道",反对"神道"。

文艺复兴建筑是在15—19世纪流行于欧洲的建筑风格,有时也包括巴洛克建筑和古典主义建筑,起源于意大利佛罗伦萨。文艺复兴建筑在理论上以文艺复兴思潮为基础;在造型上排斥哥特建筑风格,提倡复兴古罗马时期的建筑形式,特别是古典柱式比例、半圆形拱券、以穹隆为中心的建筑形体等,如意大利佛罗伦萨美第奇府邸、维琴察圆厅别墅等。文艺复兴建筑最明显的特征是扬弃了中世纪时期的哥特式建筑风格,而在宗教和世俗建筑上重新采用古希腊罗马时期的柱式构图要素,一方面采用古典柱式,另一方面灵活变通、大胆创新,甚至将各个地区的建筑风格与古典柱式融合在一起。文艺复兴建筑是讲究秩序和比例的,拥有严谨的立面和平面构图,以及从古典建筑中继承下来的柱式系统。文艺复兴时期的许多科学技术成果,如力学上的成就、绘画中的透视规律、新的施工机具等,都被运用到建筑创作实践。

四、巴洛克风格

巴洛克是1600—1750年在欧洲盛行的一种艺术风格。"巴洛克"这个词最早来源于葡萄牙语,意为"不圆的珍珠",最初特指形状怪异的珍珠;而在意大利语中有"奇特、古怪、变形"等解释。在法语中,巴洛克是形容词,有"俗丽凌乱"之意。欧洲人最初用这个词指"缺乏古典主义均衡特性的作品",它原是18世纪崇尚古典艺术的人们,对17世纪不同于文艺复兴风格的一个带贬义的称呼,现今这个词已没有了原有的贬义,仅指17世纪风行于欧洲的一种艺术风格。巴洛克风格产生在反宗教改革时期的意大利,发展于欧洲信奉天主教的大部分地区,以后随着天主教的传播,其影响远及拉美和亚洲国家。巴洛克作为一种在时间、空间上影响都颇为深远的艺术风格,其兴起与当时的宗教有着紧密的联系。

巴洛克风格的特点是打破文艺复兴时期的严肃、含蓄和均衡,崇尚豪华和气派,注重强烈情感的表现,气氛热烈紧张,具有刺人耳目、动人心魄的艺术效果。巴洛克风格建筑具有阳刚之美,富丽堂皇,规模宏大,既有宗教的特色,又有享乐主义的色彩。运动与变化可以说是巴洛克艺术的灵魂。在造型上,巴洛克风格建筑烦琐堆砌,崇尚圆形、椭圆形、梅花形、圆瓣、十字形等单一空间的殿堂,雕刻风气盛行，并且大量使用曲面，强调空间感和立体感。室内则使用各色大理石、宝石、青铜、金等装饰，华丽、壮观，突破了文艺复兴古典主义的一些程式。巴洛克艺术强调艺术形式的综合手段，如在建筑上重视建筑与雕刻、绘画的综合。此外，巴洛克艺术也吸收了文学、戏剧、音乐等领域的一些因素和想象元素。

五、洛可可风格

"洛可可"（Rococo）一词由法语 Rocaille（贝壳工艺）和意大利语 Barocco（巴洛克）合并而来。Rocaille 是一种混合贝壳与石块的室内装饰物，而 Barocco（巴洛克）则是一种更早期的宏大而华丽的艺术风格，有人将洛可可风格看作巴洛克风格的晚期，即巴洛克的瓦解和颓废阶段。洛可可艺术是 18 世纪产生于法国，遍及欧洲的一种艺术形式或艺术风格，盛行于路易十五统治时期，因而又称为"路易十五式"。洛可可风格最早出现在装饰艺术和室内设计中，路易十五登基后给宫廷艺术带来了一些变化。在前任国王路易十四在位的后期，巴洛克设计风格逐渐被有着更多曲线和自然形象的较轻的元素取代，而洛可可艺术是大约自路易十四于 1715 年去世时开始的。洛可可艺术在形成过程中受东亚艺术的影响，被广泛应用在建筑、装潢、绘画、文学、雕塑、音乐等艺术领域。

洛可可建筑艺术的特征是轻结构的花园式府邸，逐渐摒弃了巴洛克那种雄伟的宫殿气质。在这里，个人可以不受自吹自擂的宫廷社会的打扰，自由发展，如逍遥宫或观景楼这样的名称都表明了这些府邸的私人特点。府邸整体亲切且舒适，平面功能分区明确，不同于古典主义内部功能受到重视的特点，建筑物外表着重条理，而内部着重实用性，房间、院落均为方形抹圆角或圆形、椭圆形、多边形空间。

洛可可装饰的特点是细腻、柔媚，常常采用不对称手法，喜欢用弧线和"S"形线，尤其爱用贝壳、旋涡、山石作为装饰题材，卷草舒花，缠绵盘曲，连成一体。天花和墙面有时以弧面相连，转角处布置壁画。为了模仿自然形态，室内建筑部件也往往做成不对称形状，变化万千，但有时流于矫揉造作。室内墙面粉刷爱用嫩绿、粉红、玫瑰红等鲜艳的浅色调，线脚大多用金色。室内护壁板有时用木板，有时做成精致的框格，框内四周有一圈花边，中间常衬以浅色东方织锦。洛可可装饰追求细节的铺天盖地的堆砌，追求华丽纤巧的装饰，更追求奢华漂亮的环境。洛可可装饰也会从中国风格中寻找灵感，从中国瓷器、工艺品、陈设品等造型装饰中汲取灵感，在一些项链、胸针、衣柜、皇家行宫、艺术作品等建筑、装饰品、陈设品、绘画中都能捕捉到隐隐约约的东方式优雅元素。

洛可可家具从其装饰形式的新思想出发，把截为弧形发展到平面的拱形。圆角、斜棱和富于想象力的细线纹饰使得家具显得不笨重。各个部分摆脱了家具历来遵循的结构划分而结合成装饰生动的整体，呆板的栏杆柱式桌腿演变成了"牝鹿腿"，面板上镶嵌了镀金的铜件以及用不同颜色的上等木料加工而成的雕饰，如桃花心木、乌檀木和花梨木等。洛可可家具以其不对称的轻快、纤细、曲线著称，以回旋、曲折的贝壳形曲线和精细纤巧的雕饰为主要特征，以凸曲线和弯脚作为主要造型基调，以研究中国漆为基础，发展成为一种既有中国风又有欧洲独自特点的涂饰技法。

相对于路易十四时代的庄严、豪华、宏伟的巴洛克艺术，洛可可艺术则打破了艺术上的对称、均衡、朴实的规律，在家具、建筑、室内等艺术的装饰设计上，以复杂、自由的波浪线条为主势，室内装饰以镶嵌画和许多面镜子形成了一种轻快、精巧、优美、华丽、神奇、虚幻的效果。

六、新古典主义风格

新古典主义的设计风格其实就是经过改良的古典主义风格。新古典风格从简单到繁杂、从整体到局部的精雕细琢、镶花刻金都给人一丝不苟的印象。在保留了材质、色彩的大致风格的同时，仍然可以很强烈地感受传统的历史痕迹与浑厚的文化底蕴，同时摒弃了过于复杂的肌理和装饰，简化了线条。

新古典主义是兴起于 18 世纪的罗马，并迅速在欧美地区扩展的艺术运动。新古典主义一方面起源于对巴洛克和洛可可艺术的反对，另一方面则是希望重振古希腊、古罗马艺术的愿望。新古典主义的艺术家刻意从风格和题材方面模仿古代艺术，并且知晓所模仿的内容为何。

新古典主义风格更像是一种多元化的思考方式，将怀古的浪漫情怀与现代人对生活的需求相结合，兼容华贵典雅和时尚现代，反映出后工业时代个性化的美学观点和文化品位，其特点是高雅而和谐、形散神聚。在注重装饰效果的同时，新古典主义风格用现代的手法和材质还原古典气质，具备了古典与现代的双重审美效果，完美的结合也让人们在享受物质文明的同时得到了精神上的慰藉。新古典主义风格的造型设计不是仿古，也不是复古，而是追求神似，用简化的手法、现代的材料和加工技术去追求传统样式的大致轮廓特点；注重装饰效果，用室内陈设品来增强历史文脉特色，往往会照搬古代设施、家具和陈设品来烘托室内环境气氛。白色、金色、黄色、暗红色是欧式风格中常见的主色调，少量的白色糅合，使色彩看起来明亮、大方，使整个空间给人以开放、宽容的非凡气度，使空间丝毫不显局促。

第三节　美式风格

美式风格，顾名思义，是来自美国的装修和装饰风格，是殖民地风格中著名的代表风格，在某种意义上已经成了殖民地风格的代名词。美国是一个移民国家，欧洲各国人民把各民族、各地区的装饰装修和家具风格带到了美国。同时，美式风格以宽大、舒适，以及杂糅各种风格而著称。

美国人崇尚自由，这也造就了其自在、不羁的生活方式，没有太多造作的修饰和约束，在不经意中成就了一种休闲式的浪漫，而美国的文化又是一个以移植文化为主导的脉络，有着欧罗巴的奢侈与贵气，但又结合了美洲大陆这块水土的不羁，这样结合的结果是剔除了许多羁绊，但又能找寻到文化根基的怀旧、贵气、大气而又不失自在与随意的风格。

美式风格严格来说是由欧式风格演变而来的，通过本地材料和元素的使用，逐渐去掉欧式烦琐复杂的元素，强调简洁、明晰的线条，形成朴实不失大气、简洁不失精致的装饰。在空间上，一般客厅宽大，餐厅与厨房相连，重视家庭活动空间，重视舒适性，使得家居生活自由随意，简洁怀旧，实用舒适。欧洲皇室家具平民化、古典家具简单化，家具宽大、实用、舒适，侧重壁炉与手工装饰，追求粗犷大气、天然随意，色彩是以暗棕、土黄为主的自然色彩。

第四节　现代简约风格

现代风格即现代主义风格，起源于1919年的包豪斯学派。建筑新创造、实用主义、空间组织、强调传统的突破都是该学派的理念，对现代风格有着深刻的影响。所以，现代风格具有简洁造型、无过多的装饰、推崇科学合理的构造工艺、重视发挥材料的性能等特点。包豪斯学派注重展现建筑结构的形式美，探究材料的质地和色彩搭配的效果，注重以功能布局为核心的不对称、非传统的构图方法。

现代风格简洁、明了，抛弃了许多不必要的附加装饰，以平面构成、色彩构成、立体构成为基础进行设计，特别注重对于空间色彩和形体变化的挖掘。外形简洁，极力主张从功能观点出发，着重发挥形式美，强调室内空间形态和物品的单一性、抽象性，多采用最新工艺和科技生产的材料及家具。其突出的特点是简洁、实用、美观，兼具个性化的展现。其不仅注重居室的实用性，还体现出工业化社会生活的精致与个性，符合现代人的生活品位。现代风格在选材上不再局限于石材、木材、面砖等天然材料，而是将选择范围扩大到金属、涂料、玻璃、塑料以及合成材料，并且转变材料之间的结构关系，甚至将空调管道、结构构件都暴露出来，力求表现出一种完全区别于传统风格的具有高度技术水平的室内空间气氛。现代风格的色彩设计受现代绘画流派思潮影响很大，通过强调原色之间的对比协调来追求一种具有普遍意义的永恒的艺术主题。装饰画、织物的选择对于整个色彩效果起到点明主题的作用。

第五节 田园风格

田园风格是以田地和园圃特有的自然特征为形式手段，能够表现出一定程度的农村生活或乡间艺术的特色，也就是以回归自然为核心，运用乡村艺术和生活气息的形式元素为表现手段，体现出人与自然环境和谐的联系。

"田园风格"这个名称最初出现于 20 世纪中期，泛指在欧洲农业社会时期已经存在数百年历史的乡村家居风格，以及美洲殖民时期各种乡村农舍风格。田园风格是早期开拓者、农夫、庄园主和商人们简单而朴实生活的真实写照，也是人类社会最基本的生活状态。由此可以看出，田园风格并不专指某一特定时期或者区域，它可以模仿乡村生活的朴实和真诚，也可以是贵族在乡间别墅里的世外桃源，或是对"开轩面场圃，把酒话桑麻""采菊东篱下，悠然见南山"[①]生活方式的重新诠释。田园风格根据地域文化的不同，形成了英式田园、美式乡村、法式田园、中式田园等不同的田园风光。

与其他种类的装饰风格不同，田园风格不是简单地依靠家具和饰品的摆放就可以轻松营造的，它需要的是一种平和的心境和一种淡泊的情怀。家居用品不要求完美无瑕、精雕细琢，多用旧物品、旧家具，木器上的刮、刻、擦的磨损痕迹都能成为田园风格的最佳诠释，如一把生锈的铁铲、一个破旧的皮箱、一只废弃的铁皮桶、一块手工拼缝的被子，甚至是一束从郊外路边采摘的野花，都可以成为田园风格的最好的饰品。田园风格崇尚自然，材料多用砖、陶、木、石、藤、竹等自然材料。在织物质地的选择上多采用棉、麻等天然制品，其质感朴素，不事雕琢。装饰元素包括砖纹、碎花、藤草织物、铁艺、彩绘、壁挂、绿植等，在空间中营造出了自然、简朴、高雅的氛围以及轻松活泼、愉悦的乐趣。

---

① 陶渊明. 陶渊明全集 [M]. 上海：上海古籍出版社，2015.

第四章　室内软装元素及应用

整体的软装配饰设计可以很好地反映家里的生活品质和格调。要进行软装配饰的设计，应该从软装设计的五大设计元素着手，即家具、灯饰、布艺、花艺和饰品。

第一节 家具的选择与陈设

从广义上讲，家具是指人类维持正常生活、从事生产实践和开展社会活动必不可少的一类器具。《中国大百科全书·轻工卷》中对"家具"的定义是："人类日常生活和社会活动中使用的，具有坐卧、凭依、贮藏、间隔等功能的器具。"[①]

家具是人类生活必不可少的器具。根据社会学专家的统计，大多数社会成员在家具上接触的时间占人一生2/3以上。家具在室内空间中具有重要的作用，家具具有空间性质的识别作用，能组织并分割空间，构建室内空间环境，强化室内风格，调节室内环境色彩的搭配，为室内空间营造气氛。在软装设计中，家具更是具有举足轻重的作用，特别是空间的风格主要由家具来主导。

一、家具的种类

家具的种类繁多，家具可以按照很多种方式分类。按照使用场所分类，不同的场所具有不同的功能，因此需要各种不同的家具来满足功能，如民用家具中的卧房家具、客厅家具、餐厅家具、书房家具、厨房家具、卫生间家具、户外家具等，办公家具中的大班台、椅、桌、书柜、沙发、茶几、角几，酒店家具中的衣柜、床、床头柜、休闲椅、吧台、吧椅、酒柜、班台、班椅、沙发、茶几、边几、玄关柜（台）、卫浴系列等。按照风格分类，每种风格都有其独具特色的家具，如中式古典家具、中式现代家具、欧式古典家具、欧式现代家具、美式家具、地中海家具、北欧家具等。按材料分类，家具使用的材料较为广泛，除了单一材料的使用，还有材料的组合使用，如实木家具、板式家具、藤编家具、竹编家具、金属家具、玉石家具、钢木家具、软体家具及其他材料组合（如玻璃、大理石、陶瓷、无机矿物、纤维织物、树脂等）。按家具结构分类，多种家具结构可以满足不同的功能需求，如整装家具、拆装家具、折叠家具、组合家具、连壁家具、悬吊家具。按家具造型的效果进行分类，在空间设计中，家具除了具有功能作用，还具有装饰作用，分

[①] 中国大百科全书总编委会.中国大百科全书——轻工 [M].北京：中国大百科全书出版社，2021.

为普通家具、艺术家具。按家具产品的档次分类，不同的材料、工艺对家具的品质和价格有很大的影响，分为高档、中高档、中档、中低档、低档。

二、家具的材质及工艺

制作家具的材料及工艺多种多样，不同地域使用的材料也不同，特别是随着新技术、新材料的发展，家具的设计和制作有了更多的选择，包括木材、人造板材、金属、塑料、玻璃、竹藤、石材等。

（一）木材

木材的质地和性能是与其成材期成正比的。生长缓慢、成材期长的木材大都材质致密而沉重，其木质的韧性、硬度、强度、抗冲击和抗震能力也相应出色，是为硬木。用硬木制作的家具结实耐用，但价格都比较昂贵；而大部分软木材质轻软，硬度低，韧性差，抗冲击和抗震动能力差，属于速生木材，其生长迅速、成材期短，不适合制作家具。还有小部分软木，即我们常说的中档木材，其生长速度、木质性能比较适中，价格又能为大众所接受，因此应用最为广泛。

1. 檀香木

檀香木素有"香料之王"的誉称，历来备受人们推崇。檀香木一般呈黄褐色，时间长了则颜色稍深，光泽好，质地坚硬，手感好，纹理通直或微呈波纹，生长轮不甚明显，香气醇厚经久不散。同时，檀香木是一种带有浓厚宗教色彩的木材。

2. 紫檀木

紫檀木产于亚热带地区，材质致密坚硬，入水即沉，耐久性强，由于其生长缓慢，故而极难得到整面板材。紫檀是世界上最珍贵的木科品种之一，由于数量稀少，见者不多，遂为世人所珍重。目前，被植物学界公认的紫檀只有一种，即"檀香紫檀"，俗称"小叶檀"。其产地为印度南部，十分稀少。百年不能成材，一棵紫檀要生长几百年以后才可以使用，所以自古有"寸檀寸金"之说。

3. 绿檀

绿檀又称"百乐圣檀"，主要产于分布在美洲、加勒比海及中美洲的原始森林，是美洲木材中的极品。18世纪初，绿檀被用于制作高档家具及艺术品，提炼香精。

绿檀由于含有较丰富的有机物质，所以在阳光下呈黄褐色，在光线暗处变成绿色，湿度和温度升高则变幻成深蓝色、紫色。绿檀木质地坚硬，侵蚀不朽，有自然漂亮的木纹，手感滑润细腻，香气芬芳永恒，色彩绚丽多变，是制作家具和艺术品的上等材料。而且，绿檀木可提神醒脑，长期接触对人体有益，是大自然中不可多得的恩赐物品。

4. 海南黄花梨

海南黄花梨名"降香黄檀"（香枝木类），是我国特有的珍稀树种，分布于海南岛低海拔的平原或者丘陵地区，为国家三级保护植物，是国际标准 5 属 8 类 34 种红木之一，用途广泛，其木材价值相当高。花梨木心材红褐色或紫红褐色，久则变为暗红色，常含有深褐色条纹，木纹理交错，自然成形，花纹美观。用花梨木制作出来的家具富丽堂皇且色泽深沉华美，典雅尊贵，经久耐用，百年不腐。花梨木家具还能长久地散发出清幽的木香之气，材质硬重，结构细匀，强度高，且耐腐、耐久，有大案可达丈三长、二尺余宽，多数出现在明式家具上。黄花梨的功能已经远远超越了其物理使用功能，而演变为一种艺术品。

5. 柚木

柚木材质坚硬耐久，具有高度的耐腐性，不易变形，是膨胀率最小的木材之一，多见于船只甲板和东方家具。柚木又称为胭脂树、紫柚木、血树，被誉为"万木之王"，在缅甸、印尼被称为"国宝"。柚木是一种落叶的阔叶乔木，从生长到成材最少经 50 年，生长缓慢，其密度和硬度较高，不易磨损，含有极重的油质，这种油质会使木材保持不变形，有一种特别的香味，能驱蛇、虫、鼠、蚁，防蛀。

柚木的主要特征：墨线呈直线分布，越细越多，代表油质越好，品质越高；一般油质重的木材有颜色较深的油斑，特别是油质生的柚木；柚木初期呈淡黄色或浅褐色，随着日照时间渐多，会逐渐转变成美丽的金黄色；柚木最大的特征是木材含丰富的油质，触摸时会有润滑感，这种油质可以保护家具，使家具光泽如新。

6. 核桃木与胡桃木

核桃木与胡桃木均为同一树种，成材期在 50 年以上至数百年，属于东北三大名贵树种之一。核桃木边材呈白色，心材颜色呈浅棕色，在清代是制作家具的主要木材。核桃木密度中等，纹理直，结构细而匀，重量、硬度、干缩和强度适中，冲击韧性高，弯曲性能良好，适用于手工和机械加工，是良好的雕刻材料。

胡桃木主要产自北美和欧洲。东南亚、国产的胡桃木颜色较浅。黑胡桃呈浅黑褐色带紫色，弦切面为美丽的大抛物线花纹。胡桃木的边材是乳白色，心材从浅棕到深巧克力色，偶尔有紫色和较暗条纹，可以供应经蒸气处理后边材变深的板材或不经蒸气处理的板材。树纹一般是直的，有时有波浪形或卷曲树纹，形成赏心悦目的装饰图案。胡桃木易于手工和机械工具加工，适于敲钉、螺钻和胶合，可以持久保留油漆和染色，可打磨成特殊的最终效果。胡桃木有良好的尺寸稳定性，不易变形，是制作家具的上等材料。

7. 美国樱桃木

美国樱桃木产自北美，主要商业林分布于美国的宾夕法尼亚州、弗吉尼亚州、西弗吉尼亚州和纽约州。樱桃木材易于手工加工或机械加工，对刀具的磨损程度低，握钉力、胶着力、抛光性好。

美国樱桃木的干燥收缩量大，但烘干后尺寸稳定，密度中等，具有良好的弯曲性能和中等的强度及抗震性能，易加工，纹理雅致，是一种高档木材，适合制造家具、门、乐器和高级细木工制品等。

8. 栎木、橡木

栎木，俗称"柞木"，是一种木质沉重且异常坚硬，纹理直或斜，耐水、耐腐性强，性能稳定的木材。栎木生长缓慢，成材需要上百年，加工难度和胶结要求都很高，但切面光滑，耐磨损，油漆着色、涂饰性能良好。国内的家具厂商多采用栎木作为原材料。

橡木，质地细密，管孔内有较多的侵填物，不易吸水，耐腐蚀，强度大，木质重且硬，纹理清晰，触感良好，适合用来制作欧式家具，欧美国家用其来储藏红酒。橡木成材期为五十年至数百年，由于优质树种较少，所以橡木家具价格较高。

橡木和栎木的大部分物理性质可以媲美"红木"，某些特性甚至更优，而价格又相对低廉，所以这两种木材在家具业的应用比较广泛。

9. 黄菠萝

黄菠萝，又名黄柏木，被誉为"木中之王"，是我国三大珍贵阔叶树种之一，主要分布在黑龙江、吉林、辽宁、河北山区。其木材光泽好，纹理直，结构粗，年轮明显、均匀，材质松软，易干燥，加工性能良好，材色花纹美观，油漆和胶接性能良好，不易劈裂，耐腐性好。黄菠萝硬度中性，不易变形，主要用于军用枪托、中高级家具、实木门、楼梯等的制造，以及仿古家具、实木家具、实木门的制造。

10. 水曲柳

水曲柳简称"曲柳"，为东北三大名贵树种之一，成材期为五十年以上至数百年，质如其名，纹理异常美丽。材质略硬的水曲柳具有较好的弹性和韧性，切面很光滑，油漆和胶黏性能好，加工性能很好，能用钉、螺丝和胶水很好地固定，可经染色和抛光而取得很好的表面效果；同时，具有良好的着色和耐腐、耐水性能，装饰性能出色，适合干燥气候，且老化极轻微，性能变化小，被比较广泛地应用于装饰行业。

11. 榉木

榉木又称"南榆"，在中国长江流域和南方各省都有生长，是中国明清时期民间家具最主要的用材，江南有"无榉不成具"的说法。其材质坚硬耐久，纹理美丽而有光泽，其中有一种带赤色的老龄榉木被称为"血榉"，很像花梨木，是榉木中的佳品；还有一种木纹似山峦起伏的"宝塔纹"的榉木，常常被嵌装在家具的醒目处。榉木比大多数硬木都重，抗冲击，蒸汽下易于弯曲，可以制作各种家具。

12. 楠木

《博物要览》载："楠木有三种，一曰香楠，又名紫楠；二曰金丝楠；三曰水楠。南方者多香楠，木微紫而清香，纹美。金丝者出川涧中，木纹有金丝。楠木之至美者，向阳处或结成人物山水之纹。水河山色清而木质甚松，如水杨之类，惟可做桌凳之类。"[①] 楠木，视其质地又称为金丝楠、豆瓣楠、香楠或龙胆楠，南方诸省皆有出产，唯以四川产为最好，是一种极为高档的木材。其色略灰而呈浅

---

① 谷应泰.博物要览 [M].北京：商务印书馆，1939.

橙黄色，纹理显得淡雅文静，质地温润柔和，无收缩性，不腐、不蛀，遇雨有阵阵幽香。明代宫廷曾大量伐用楠木，现北京故宫等上乘古建筑多为楠木构筑。楠木木材优良，具芳香气，硬度适中，弹性好，易于加工，很少开裂，为建筑、家具等的珍贵用材。除做几案桌椅之外，楠木主要做箱柜。

13. 椴木

椴木是一种上等木材，具有耐磨、耐腐蚀、易加工、韧性强等特点，广泛应用于细木工板、木制工艺品的制作。椴木硬度适中，木性温和，不易开裂或变形，但其环保性一般，易残存甲醛，使用寿命一般，需定期维护保养。

14. 柏木

柏木别称柏树、柏木树、柏香树等，为柏科柏属乔木，中国栽培柏木历史悠久，为中国特有树种，分布很广。其木材为有脂材，材质优良，纹直，结构细，耐腐，是建筑、车船、桥梁、家具和器具等用材。柏木有香味可以入药，可安神补心，其九曲多姿的枝干、沁人心脾的幽香、万古长青的品性，都给人以心灵的净化。柏木色黄、质细、气馥、耐水，多节疤，故民间多用其做"柏木臂"。

15. 松木

松木是一种针叶植物，具有松香味，难以自然风干，对大气温度反应快，易膨胀，通常需要采用烘干、脱脂漂白等方式进行处理，以中和树性，使之不易变形。松木种类很多，以东北松为例主要分为红松和白松。红松的材质轻软，干燥性好，强度适中，颜色偏红。白松的结构细致均匀，材质轻软而富有弹性，具有更高的强度，如樟子松，又名樟松，是一种优良的造林树种，成材期为二三十年，使用寿命可达三四十年，是一种被广泛应用的实木家具用材。

（二）人造板材

人造板材，顾名思义，就是利用木材的边角废料或某些速生软木，混合其他纤维制作而成的板材。人造板材有不同的加工材料和加工工艺，种类颇多，其中，刨花板、中密度纤维板、细木工板、胶合板、防火板最为常见，它们因各自具有不同的特点，被广泛应用于不同的家具制造领域。

1. 刨花板

刨花板，是指利用边角料与木屑的碎片，经过干燥，拌以胶黏剂、硬化剂、防水剂，在一定的温度下压制而成的一种人造板材，具有结构均匀、加工性能好、吸音和隔音性能好和比较重等特点，是制作各式家具的较好材料。

2. 中密度纤维板

中密度纤维板，是指木材或植物纤维经机械分离和化学处理，加入胶黏剂和防水剂等，再经高温、高压而形成的一种人造板材。其结构比天然木材均匀，可避免腐朽和虫蛀；同时，其胀缩性小，便于加工，抗弯曲强度和冲击强度均优于刨花板，是制作家具较为理想的人造板材。由于其表面平整，易于粘贴各种饰面，可使制成的家具更加美观。

3. 细木工板

细木工板，俗称大芯板，是由天然木条两面粘压木质（多为木皮）单板而成，按厚度分为 3 厘板、5 厘板、9 厘板，具有很好的防潮能力，但不能直接刷漆；其横向抗弯压强度较高，但竖向抗弯压强度差，可用来做家具或门套等。

4. 胶合板

胶合板，也称木夹板，俗称细芯板。一组单板通常按相邻层木纹方向互相垂直组坯胶合而成，通常其表板和内层板对称地配置在中心层或板芯的两侧。用涂胶后的单板按木纹方向纵横交错配成的板坯，在加热或不加热的条件下压制而成。层数一般为奇数，少数也有偶数。纵横方向的物理、机械性质差异较小。常用的胶合板有三合板、五合板等类型，一般分为 3 厘板、5 厘板、9 厘板、12 厘板、15 厘板和 18 厘板 6 种规格。胶合板提高了木材的利用率，是制作家具的常用材料。

5. 防火板

防火板，又称"塑料饰面人造板"，是"装饰人造板"（普通人造板材经饰面二次加工的产品，按饰面材料分为天然实木饰面人造板、塑料饰面人造板、纸质饰面人造板等多种类型）的一种，具有优良的耐磨、阻燃、易清洁和耐水等特性，是制作餐桌面、厨房家具、卫生间家具的好材料。

（三）金属

金属家具的优越性使其在近现代的家具市场中占有很大份额，包括全金属制品和金属与其他材质的混合制品，可以说是琳琅满目、品种繁多。在混合制品中，最常见的有钢木混合家具、钢与皮革混合座椅、钢与塑料混合以及钢与玻璃混合家具等。

1. 普通钢材

钢是由铁和碳组成的合金，其强度和韧性都比铁高，因此适宜于作为家具的主体结构。钢材有许多不同的品种和等级，一般用于家具的钢材是优质碳素结构钢或合金结构钢，常见的有方管、圆管等，其壁厚根据不同的要求而不等。钢材在成型后，一般还要经过表面处理才能变得完美。

2. 不锈钢材

在现代家具制作中，使用的不锈钢材有含 13% 铬的 13 不锈钢，含 18% 铬、8% 镍的不锈钢等。其耐腐蚀性强，表面光洁程度高，一般常用来作家具的面饰材料。不锈钢的强度和韧性都不如钢材，所以很少用它做结构和承重部分的材料。不锈钢并非绝不生锈，保养也十分重要。不锈钢饰面处理有光面（或称不锈钢镜）、雾面板、丝面板、腐蚀雕刻板、凹凸板、半珠形板和弧形板。

3. 铝材

铝属于有色金属中的轻金属，银白色，相对密度小。铝的耐腐蚀性比较强，便于铸造加工，并可染色。在铝中加入镁、铜、锰、锌、硅等元素制成铝合金后，其化学性质变了，机械性能也明显提高。铝合金可制成平板、波形板或压型板，也可压成各种断面的型材。铝合金表面光滑，光泽中等；耐腐性强，经阳极化处理后更耐久，常用于家具的铝合金，成本比较低廉。铝合金由于强度和韧性均不高，所以很少用来做承重的结构部件。

（四）塑料

塑料家具种类很多，基本上可分成两种类型：热固性塑料和热塑性塑料。前一种包括常见的无线电收音机、汽车仪表板等；后一种包括各种家电塑料部件、软管、薄膜或卡等。在现代家具中就把这种新材料通过模型压成椅子，或者压成各种薄膜，作为柔软家具的蒙面料，也有将各种颜色的塑料软管在钢管上缠绕成一张软椅的。

1. 塑料家具的优势

塑料家具与其他家具相比，具有以下几个方面的优势：

（1）色彩绚丽，线条流畅

塑料家具色彩鲜艳、亮丽，颜色丰富，还有透明的，其鲜明的视觉效果给人们带来了视觉上的舒适感受。同时，塑料家具都是由模具加工成型的，具有线条流畅的显著特点，每一个圆角、每一条弧线、每一个网格和接口处都自然流畅，毫无手工的痕迹。

（2）造型多样，随意优美

塑料具有易加工的特点，所以塑料家具的造型具有更多的随意性。随意的造型表达出设计者极具个性化的设计思路，能通过一般的家具难以达到的造型来体现一种随意的美。

（3）轻便小巧，拿取方便

与普通的家具相比，塑料家具给人的感觉就是轻便，不需要花费很大的力气，就可以轻易地搬拿，即使是内部有金属支架的塑料家具，其支架一般也是空心的或者直径很小。另外，许多塑料家具都有折叠的功能，所以既节省空间，也方便使用。

（4）品种多样，适用面广

塑料家具既适用于公共场所，也适用于一般家庭。在公共场所，见得最多的就是各种各样的椅子，而适用于家庭的品种也不计其数，如餐台、餐椅、储物柜、衣架、鞋架、花架。

（5）便于清洁，易于保护

塑料家具脏了，可以直接用水清洗，简单方便。另外，塑料家具也比较容易保护，对室内温度、湿度的要求相对比较低，广泛地适用于各种环境。

2. 塑料的种类

塑料有 ABC 树脂、聚氯乙烯树脂（PVC）、聚乙烯树脂、聚碳酸酯（PC）、丙烯酸树脂（有机玻璃）等多种类别。

3. 塑料的成型方法

各种塑料有不同的成型方法，可以分为膜压、层压、注射、挤出、吹塑、浇铸塑料和反应注射塑料等多种类型。

（五）石材

制作石质家具的主要材料有天然大理石、人造大理石和树脂人造大理石。石材家具不变形，硬度高，耐磨性强，抗磨蚀，耐高温，免维护，物理性稳定，组织缜密，受撞击晶粒脱落，表面不起毛边，材质稳定，能够保证长期不变形，线膨胀系数小，机械精度高，防锈、防磁、绝缘。

（六）竹藤家具

竹藤家具是世界上最古老的家具品种之一，制作十分考究，需经过打光、上光油涂抹，甚至需上油漆彩色，使成品牢固耐用。竹材光滑细致，具天然纹理，给人清新雅致、自然朴素的感觉，还带有淡淡的乡土气息。竹藤家具舒适自然、温馨静谧，经久耐用，清新自然，返璞归真，能够带来全新的自然享受。竹材、藤条均为天然材料，绿色无污染，生长周期短、产量高，均可再生，不影响生态。竹藤家具在加工过程中采用特种胶黏剂，对人无害，利于家居环境。在加工过程中产生的废弃料可直接焚烧，作为有机肥料。藤材在湿时柔软，在干时坚韧，极富弹性，可任意弯曲，塑造形状。

（七）玻璃

玻璃家具是指一种家具种类一般采用高硬度的强化玻璃和金属框架，这种玻璃的透明清晰度比普通玻璃高4～5倍。高硬度强化玻璃坚固耐用，能承受常规的磕、碰、击、压的力度，完全能承受与木制家具一样的重量。家庭装饰的玻璃材料在厚度、透明度上得到了突破，使得玻璃制作的家具兼有可靠性和实用性，并且在制作中注入了艺术的效果，具有装饰美化居室的功能。

（八）皮革

皮革家具时尚大气，造型简洁，柔软舒适，易于搭配，易于清洗。皮革的材料有牛皮、猪皮、马皮、驴皮等。真皮有天然毛孔和皮纹，手感丰满、柔软，富有弹性，皮革是经脱毛和鞣制等物理、化学加工所得到的已经变性且不易腐烂的动物皮。皮革是由天然蛋白质纤维在三维空间紧密编织构成的，其表面有一种特殊的粒面层，具有自然的粒纹和光泽，手感舒适。

（九）布艺

纺织品也是家具中会用到的材质，特别是沙发。在当前的纺织工业中，广泛使用的纤维主要有两大类：天然纤维和化学纤维。天然纤维主要包括棉、麻、毛、丝等，而常用的化学纤维包括涤纶、丙纶、腈纶、氨纶、维纶、锦纶等。丝质、绸缎、粗麻、灯芯绒等布料具有不同的特质：丝质、绸缎面料高雅、华贵，给人以富丽堂皇的感觉；粗麻、灯芯绒面料沉实、厚重。布料的花型也有很多种，如条格、几何图案、大花图案和单色等。

三、家具的搭配应用

"居家所需之物，惟房舍不可动移，此外皆当活变，是无情之物变为有情。"[①]这句古话阐述的正是中国古人对家具陈设的要求。除了实用功能外，家具彰显的是鲜明的审美逸趣，好的家具甚至可以传世。家具还是对建筑空间布局的延续、完善和再创造，能明确空间的功能、组织空间、分割空间。家具与空间的完美搭配，能确定风格基调，形成氛围，赋予空间生命力，具体的应用是结合各方面要素进行综合考量和搭配。

（一）空间和家具的尺度比例关系

空间面积的大小、房高，都是选择家具前应该参考的因素。宽大且房高较高的空间适合选择体量大的家具，在家具高度上可以有更多的选择，层次感丰富。如果选择尺寸较小的家具，则会显得空间太过空洞，没有内容。较小的空间或房高较低的空间则应选择体量小、低矮的家具，会使空间显得大。如果选择大体量的家具，则会使空间狭小、拥挤，不仅影响美感，还影响空间的使用功能。

---

① 李渔. 李渔全集 [M]. 杭州：浙江古籍出版社，2010.

（二）家具摆放与人流路线的关系

在空间中摆放家具时，要注意留空，预留出活动空间。在一定空间中，要尽量少摆放家具，家具所占体积不要超过空间总体积的一半，要给空间留出更多空白，让空间自由呼吸。家具还有分割空间、分配人流路线的功能。家具的合理摆放能够辅助完成居室中的人流路线并进行合理规划，使人们在空间中的行动顺畅、方便，满足人们使用功能和精神功能的需求。

（三）家具与硬装的搭配

在选择家具时，除了家具的尺寸要与所摆放空间的尺寸相搭配外，还应跟空间的硬装的尺度和风格搭配，如空间中的踢脚线、门框、地板、壁纸等，都会影响家具摆放在里面的效果。

（四）家具的重量感和均衡

空间的均衡需要依靠家具的布局来实现。家具除具有自身的质量以外，还具有视觉重量。例如，深颜色的家具看起来比浅颜色的家具更重，粗犷、广大图案的家具比柔和小巧图案的家具显得重，厚重的质地比平滑的质地显得更加结实，透明的家具比不透明的看起来要更轻，玻璃台看起来比木头桌子要轻，带腿的家具比直接竖立在地板上的家具看起来更轻。

在创造一个均衡的空间环境的时候，家具看起来的重量或质量比实际的尺寸或比例更加重要。家具可以与其他家具互相搭配以达到均衡的效果，如两把看起来比例相同的椅子交叉摆放可以达到视觉上的均衡。家具还可以用来平衡建筑设计的某些要素，如在壁炉的对面可以放沙发或双人沙发以达到均衡的效果。几种家具组合摆放可以达到均衡的效果，如一把大圈椅可能与小的椅子不搭配，但是如果在小椅子旁边放上一张桌子和台灯，那么这三件家具一起就可能与那件大的椅子搭配了。组合家具可以用来制造出对称或不对称的效果，如壁炉前面一对相同的沙发面对面摆放，可以产生对称的效果，如果把其中的一张沙发换成一对椅子，那么效果就不对称了，但还是很平衡。

（五）家具布局

家具布局要注意突出重点，根据室内功能区域确定焦点家具，并以此为中心营造空间氛围，但不要制造太多的焦点，造成空间视线混乱，没有主次之分。

（六）家具的陈设组合方式

1. 客厅家具陈设组合方式（20～45平方米）

（1）以会客或家居为核心

以背景墙为基点，将沙发两边的角几去掉，沙发靠墙居中，以3+1的组合形式，可同时满足4～5人使用。为了使空间饱满，可以加上圆墩组合陈列，这样的家具组合陈列活泼，且有设计感（图4-1-1）。

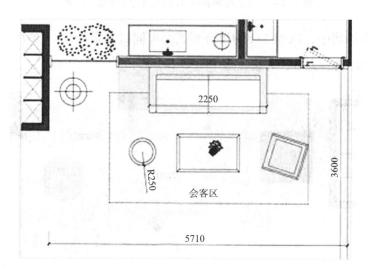

图4-1-1　沙发靠墙居中3+1的组合（单位：毫米）

注意：为了动线流畅，不宜将单人沙发放在客厅入口处

沙发靠墙居中，以3+1+1的组合形式，可同时满足5～6人使用。这样的家具组合陈列稳定、和谐（图4-1-2）。

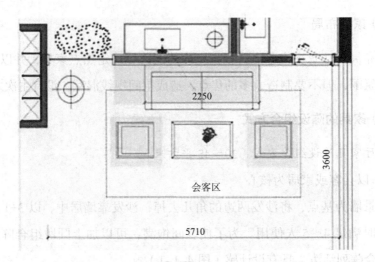

图 4-1-2 沙发靠墙居中 3+1+1 组合（单位：毫米）

沙发靠墙居中，以 3+2+1 的组合形式，可同时满足 6~7 人使用。这样的家具组合陈列经典、大方，有设计感（图 4-1-3）。

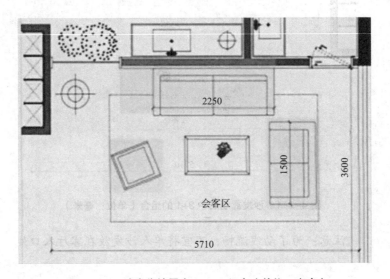

图 4-1-3 沙发靠墙居中 3+2+1 组合（单位：毫米）

注意：为了动线流畅，不宜将单人沙发放在客厅入口处

（2）以会谈为核心

沙发的陈列组合需要有仪式感，茶几选用方形的较为适宜。家具以"U"形

组合摆放，通常为 2+2+1+1 的组合形式，可同时满足 6～8 人使用。这样的家具组合对称、大方（图 4-1-4）。

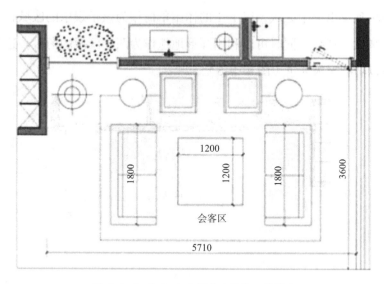

图 4-1-4　2+2+1+1 组合（单位：毫米）

以三人沙发为主焦点，将单椅围绕茶几组成一个围合陈列的形式，3+1+1+1+1 的组合形式可同时满足 7～8 人使用。这样的家具组合轻松、私密，适合办公场所（图 4-1-5）。

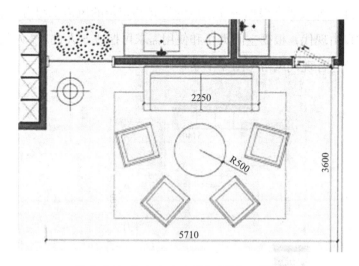

图 4-1-5　3+1+1+1+1 组合（单位：毫米）

（3）以孩子为核心

以三人沙发为焦点，单人沙发摆放在一侧，形成 3+1 的组合形式，可供大人休息。再单独辟出一个区域，以 1+1 的休闲单椅作为孩子娱乐的区域，让孩子的玩乐不远离大人视线，同时可以利用圆形地毯为两个区域的衔接。这样的家具组合陈设以功能需求为主（图 4-1-6）。

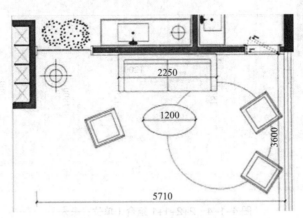

图 4-1-6 3+1 组合（单位：毫米）

2.餐厅家具陈设组合方式（15～25 平方米）

（1）长方形餐桌

餐桌的陈列方式通常根据餐厅区域的形状和定位的风格来组合。长方形的餐桌陈列形式自由现代，根据空间大小和使用需求可摆成 6 人位、7 人位和 8 人位。这种布置十分适合现代风格（图 4-1-7）。

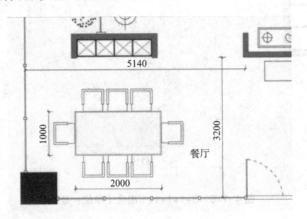

图 4-1-7 视情况组合（单位：毫米）

如果餐厅的空间略小，则可将餐桌一端靠墙摆放，能满足 6 人用餐的需求（图 4-1-8）。

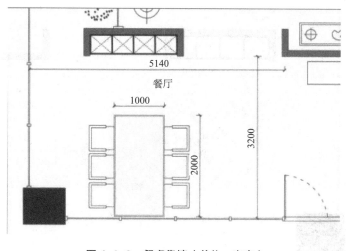

图 4-1-8　餐桌靠墙（单位：毫米）

（2）方形餐桌

方形餐桌的使用需要比较开阔、规整的空间，可满足 8～10 人的用餐需求。这种布置形式比较适合古朴的中式风格（图 4-1-9）。

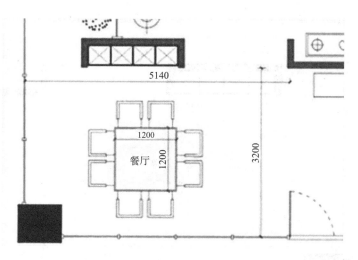

图 4-1-9　中式风格组合（单位：毫米）

如果餐厅的空间较小，则在使用方桌时可对角摆放，形式自由、活泼，又不乏统一感。这种组合方式比较适合商业空间的餐厅布置，在住宅空间中很少采用（图 4-1-10）。

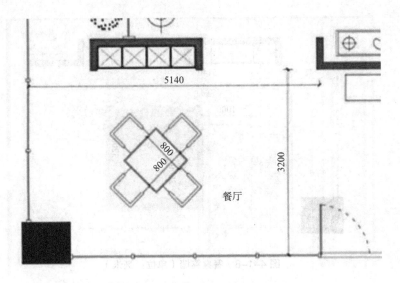

图 4-1-10　商业餐厅组合（单位：毫米）

（3）圆形餐桌

圆形的餐桌陈列形式和环境协调性好，可满足 8~10 人的用餐需求（图 4-1-11）。

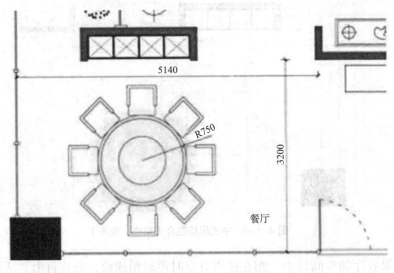

图 4-1-11　圆形餐桌（单位：毫米）

3. 卧室家具陈设组合方式（15～20 平方米）

横向方形卧室且区域面积大（有独立更衣间），可将床常规摆放，这样的陈列布置经典舒适，动线较为流畅。

如果区域面积较小，则需注意家具的常规尺寸，以及家具间的流线距离。先应以解决功能性需求为主，再逐步规划卧室的必需品，如床→床头柜→衣柜→书桌→梳妆台等。

第二节 灯饰的选择与陈设

灯具不仅能提供照明，还有装饰效果，其种类繁多，造型各异，如吊灯、射灯、壁灯、台灯、落地灯等。各种灯具的相互结合、多种照明形式的使用，包括人工光源与自然光源的配合，能够突出对不同材质的表现力，渲染不同空间环境的意境气氛，把空间环境点缀得优雅且具有艺术感，可以称其为空间气氛的渲染者。

一、光源的种类

（一）白炽灯

1879 年，美国著名发明家爱迪生制成了碳化纤维白炽灯。白炽灯的优势是价格便宜，通用性大，色彩品种多，显色性好，使用与维修方便。白炽灯的劣势是光效低，使用寿命短，不耐震，灯丝易烧，电能消耗大。

（二）卤钨灯

卤钨灯是白炽灯的升级版。其设计原理是：在白炽灯中注入卤族元素或卤化物，为了保证卤钨循环的正常运行，在制造过程中需要大大缩小玻璃外壳的尺寸。卤钨灯体积小，发光效率高（达 1733 辐透 / 瓦），色温稳定（可选取 2500～3500 开），光衰小（5% 以下），寿命长（可达 3000～5000 小时），这些特点显示出它有取代普通白炽灯的趋势。卤钨灯的价格比白炽灯高。卤钨灯按用途划分为以下几种：

1. 照明卤钨灯

广泛用于商店、橱窗、展厅、家庭室内照明。

2. 汽车卤钨灯

常用于汽车的近光灯、转弯灯、刹车灯等。

3. 仪器卤钨灯

常用于投影仪或某些医疗仪器等光学仪器上。

4. 冷反射仪器卤钨灯

常用于轻便型电影机、彩色照片扩印等光学仪器上。

5. 红外、紫外辐照卤钨灯

红外辐照卤钨灯多用于加热设备和复印机上，紫外辐照卤钨灯多用于牙科固化粉的固化工艺上等。

6. 摄影卤钨灯

常用于新闻摄影照明、舞台照明、影视拍摄中。

（三）汞灯

汞灯是利用汞放电时，产生蒸汽后，获得可见光的一种气体放电光源，分为低压汞灯、高压汞灯和超高压汞灯。

1. 低压汞灯

低压汞灯是指传统型的荧光灯。

2. 高压汞灯

高压汞灯是一种散发着柔和白光的电光源。其安装高度通常距地面 4～5 米，常用于广场、街道的照明设备中。

3. 超高压汞灯

超高压汞灯的光亮度较大，可作为点光源使用，应用在探照灯方面。另外，超高压汞灯的寿命一般较高压汞灯的使用寿命低。

（四）荧光灯

1. 传统荧光灯

传统荧光灯就是低压汞灯，就是我们平时常说的"日光灯"，有标准型和紧凑型两种。

标准型荧光灯又称直管荧光灯，包括三基色荧光灯管、冷白日光色荧光灯管、暖白日光色荧光灯管。

紧凑型荧光灯逐渐取代白炽灯，具有高效、节能环保、显色性佳、寿命长等优点。

2. 无极荧光灯

无极荧光灯又称无极灯或高频等离子体放电无极灯。其优点是高辉度、低电耗、高效率、无频闪、寿命长、启动性能佳，可在 0.1s 内瞬间启动。

（五）金属卤化物灯

金属卤化物灯又称金卤灯，是一种节能型光源。其色接近日光，显色性能好，使用寿命长，被广泛应用于展览中心、体育场馆、车站等。注意事项如下：

第一，金属卤化物灯与一些内部含有汞填充物的电光源一样，如果在使用时处理不当，则会造成灯内的汞外泄，对环境造成污染。

第二，金属卤化物灯中的金属卤化物十分容易潮解，导致放电不正常，因此不要使其与水源过于接近。

（六）光纤灯

光纤是光导纤维的简写。光纤灯是一种以特殊高分子化合物作为芯材，并搭配高强度的透明阻燃工程塑料作为外皮的现代化电光源。光纤灯可分为点发光光纤系统和线发光光纤系统。其中，点发光光纤系统是一种末端发光的光纤灯，线发光光纤系统是一种侧面发光的光纤灯。光纤灯有较高的安全性、环保性和灵活性，视觉效果佳，无紫外线，无电伤害，使用寿命长等。

（七）LED 光源灯

LED 光源灯即二极发光管，是一种能将电能转化为可见光的固态半导体器件，还可以做成 LED 灯带，是将 LED 灯用一些特殊工艺焊接在铜线或一些软性的带状线路板上。LED 光源灯的优点如下：

1. 节能

白光 LED 的能耗仅为白炽灯的 1/10，为节能灯的 1/4，平均 1000 小时仅耗几度电。

2. 长寿

寿命可达 10 万小时以上，对普通家庭照明可谓"一劳永逸"。

3. 发光效率极高

基本能将 90% 的电能转化成光能。

4. 保护视力

LED 灯属于无频闪灯。

5. 可以在高速状态工作

LED 在高速状态工作也较为安全可靠。

6. 不用考虑散热

LED 光源灯为固态封装，属于冷光源类型，所以它很方便运输和安装，可以被装置在任何微型和封闭的设备中，不怕震动，基本上不用考虑散热。

7. 价格低

LED 技术发展日新月异，它的发光效率正在取得惊人的突破，价格也在不断地降低。

8. 环保，没有汞的有害物质

LED 灯的组装部件易于拆装，不用厂家回收就可以通过其他方式回收。

二、灯饰的分类

（一）按光通量的分配比例分类

按光通量的分配比例分类是受到国际照明委员会推荐的。

1. 直接型灯具

直接型灯具是 90%～100% 的光通量向下直射的灯具，是光通量利用率最高的一种。

2. 半直接型灯具

半直接型灯具 60%～90% 的光通量直接向下照射在被照射物品上，10%～40% 的光通量经过反射后，再投射到被照射物体上。

3. 漫射型灯具

漫射型灯具的光源被封闭在一个独立的空间里，灯罩通常是由半透明的磨砂玻璃、乳白色玻璃等漫射材质所制成，其 40%～60% 的光通量直接照射在被照物体上。

4. 间接型灯具

间接型灯具是指将直接型灯具垂直翻转，90% 以上的光通量向上照射。

（二）按安装方式分类

1. 线吊式灯

利用灯头花线持重。

2. 链吊式灯

采用金属链条吊挂于空间中。

3. 管吊式灯

使用金属管或塑料管吊挂。

4. 嵌入式灯

将照明器嵌入顶棚、墙壁、楼梯等空间内。

5. 吸顶灯

将照明器吸附在顶棚位置。

6. 附墙式（壁灯）

设在墙上的照明器。

7. 台上安装（台灯）

放置在桌面及平台上。

（三）按灯具的结构分类

1. 开启式灯具

灯具的光源能够直接与外界空间相连，并使人们能够轻易接触到内部光源。

2. 闭合式灯具

这是一种将灯罩结构进行闭合处理的透光性灯具，但灯罩内部可以自由通气。

3. 密闭式灯具

将灯罩的结合处进行封闭式处理，使灯具的内部与外界空气基本处于隔绝状态。

4. 防爆式灯具

这是一种不会因灯具而引起爆炸危险的灯具类型。

三、灯具的作用

合理配光，能够将电光源所发出的光通量，重新分配到所需的地方；预防电光源引起眩光；美化灯具所在的环境；为电光源供电，保护其不受到损伤；维护照明安全；在一定程度上提高光源利用率；制造特殊的视觉效果。

四、灯具的陈设

（一）客厅灯具陈列方式

比较常规的组合形式为"1 盏吊灯 +1 盏台灯 +1 盏落地灯"。台灯和落地灯交叉陈列摆放，通过光源层次使空间显得饱满。

注意：当客厅面积为 20～45 平方米时，可选用直径为 800～1100 毫米的主吊灯，高度根据层高离地距离应为 2300～2500 毫米。

（二）餐厅灯具陈列方式

餐厅灯具的选择，除了需要考虑空间形状外，还要参照餐桌形状，具体尺寸需根据餐桌尺寸来定。例如，长方形餐桌可选择长形灯具，或三盏圆形灯具并列的形式。另外，餐厅灯具可根据就餐需求稍微挂低一些，离地高度可为 2150～2500 毫米。

（三）卧室灯具陈列方式

通常情况下，在一个 15～20 平方米的卧室中，主吊灯常规直径应为 750～1050 毫米，高度根据层高和床高一般离地 2300～2500 毫米。另外，卧室的灯具布置需要结合设计手法，以及需要营造的氛围来调配。灯光布置可采用三种设计方式呈现：

1.1 盏主吊灯 +1 盏床头台灯 +1 盏落地灯

光照以主吊灯为主，阅读可用床头台灯，氛围营造则用落地灯。不同的光源分布既能满足空间的光源层次，也可满足人们不同的生活方式需求。

2. 无主灯＋两盏床头单头吊灯＋1盏休闲台灯＋1盏落地灯

床头单头吊灯和台灯可同时满足两人的使用，且保证互不干扰；氛围营造选用落地灯。

3. 无主灯＋1盏床头单头吊灯＋1盏床头台灯＋1盏落地灯

在床头加上单头吊灯和台灯，可同时满足两人的使用，且保证互不干扰；床头灯一高一低为床头背景带来视觉感；氛围营造选用落地灯。在卧室内有主灯的情况下，在床头设置摆放的台灯和小型壁灯，在提升空间的层次感的同时也会营造一种温馨柔和的氛围。

第三节　布艺的选择与陈设

古时候，布艺是指传统的手工布艺，也被称作"女红"。古代女子将自己的情感倾注于缝纫刺绣之中，细腻纤修，简洁淡雅，翩翩蝶舞，并蒂莲花，表达姑娘心中的秘密，针针线线都浸染情愫。随着时代发展、生产力的提高，原始的手工纺织也渐渐演变形成了现代的布艺。

布艺设计是室内空间软装设计过程中非常重要的一个部分，往往会根据业主的品位及室内空间的整体风格进行定制设计。追求个性化的定制设计也已经成为一种流行的时尚。布艺设计在空间整体具有独特魅力，赋予家不同的味道，或典雅、或浪漫、或清新、或奢华。布艺无法用简单的风格种类来概括，不同的色彩搭配、材质肌理、元素图案所造就的软装搭配会产生不同的感觉。

一、布艺基础知识

（一）布艺的主要分类

布艺，即以布为主要原料，经过艺术加工，表现一定的艺术效果。传统布艺与现代布艺没有严格的界限区分，运用得当也可相互自然融入。

1. 纺织面料和非纺织面料

面料主要分为纺织面料和非纺织面料。纺织面料包括各种机织物、针织物、编织物、人造毛皮、人造皮革等。非纺织面料包括各种毛皮、皮革、非织造布和塑料薄膜等。

2. 天然面料和非天然面料

从另一个维度来看，布料分为天然面料和非天然面料。天然面料包括植物纤维（如棉花、麻、果实纤维）、动物纤维（如羊毛、兔毛、蚕丝）、矿物纤维（如石棉）。非天然面料包括再生纤维（如黏胶、醋酯、天丝、莫代尔、莱塞尔、竹纤维）、合成纤维（如锦纶、涤纶、腈纶、维纶、氨纶）、无机纤维（如玻璃纤维、金属纤维）。

（二）布料

布艺用于居室环境中，是整体、和谐环境中的突出点，必须考虑与房间环境的协调性及房间功能的特殊性，要注意空间环境局部装饰与整体风格的统一。

选用不同的面料，会产生不同的效果：棉麻布粗犷热烈，印花布朴素自然，绸缎富贵华丽，丝绒典雅庄重。质地粗糙的让人感觉温暖，质地光滑的让人感觉清凉。布艺质地不同，产生的视觉效果也不同，创造的气氛各异。面料的种类五花八门，设计师只有熟知面料的特点，才能更好地应用。下面对部分面料简单地介绍一下：

1. 棉

棉纤维是由受精胚珠的表皮细胞经伸长、加厚而成的种子纤维，不同于一般的韧皮纤维。它的主要组成物质是纤维素。棉纤维具有许多优良经济性状，是最主要的纺织工业原料之一。

（1）棉纤维的特性

棉纤维的含水率为 8%～10%，所以当它接触人的皮肤时，人会感到柔软、舒适。棉纤维具有多孔性、弹性高的优点，纤维之间能积存大量空气，具有良好的保湿性。纯棉织品耐热性能良好，在 110℃以下时，只会引起织物上的水分蒸发，不会损伤纤维，所以在常温下，洗涤、印染等对纯棉织物都无影响。纯棉织品耐洗、耐用。棉纤维对碱的抵抗能力较大，在碱溶液中，纤维不会发生破坏现象。棉纤维是天然纤维，其主要成分是纤维素，还有少量的蜡状物质和果胶质。纯棉织物对肌肤无任何刺激，无副作用，对人体有益无害。

（2）棉纤维的保养

棉织物易掉浮色（浮色不影响织物的颜色），洗涤时深色产品要与浅色产品分开洗，防止串染影响织物外观。棉织物不宜在洗涤液中浸泡过久，浸泡时间最好不超过 30 分钟，以免褪色，且不能用漂白水。纯棉产品建议用轻柔机洗，对于提花织品，不可用硬刷子猛力洗刷，防止断纱起毛。其晾晒时间不要过长，不能暴晒，防止颜色受到破坏。

2. 棉麻

棉麻是指以棉和麻为原材料的纺织品。棉和麻都是温带的植物，分别由棉花和蓖麻的种子部分经过晒干，机器脱粒，分解出种子和棉麻部分，经过机器压制，再经过纺织成线，制成布匹，最后经过染制，成品。

（1）棉麻的特性

环保、透气，手感柔软，能吸附空气中的尘埃。因为它是一次染织，不存在掉色、染色等问题，这是化纤类织物无法达到的效果，但缺乏弹性，易皱，易缩水。

（2）棉麻的保养

棉麻布料清洗起来较容易，可以直接放入洗衣机中清洗。除了使用洗衣粉、洗衣液之外，最好加入少许衣物柔顺剂，可以使棉麻布料洗后更加柔顺。

3. 蚕丝

蚕丝是熟蚕结茧时所分泌的丝液凝固而成的连续长纤维，也称天然丝，是一种天然纤维。蚕有桑蚕、柞蚕、蓖麻蚕、木薯蚕、柳蚕和天蚕等。其中，用量较大的是桑蚕丝，其次是柞蚕丝。蚕丝质轻而细长，织物光泽好，穿着舒适，手感滑爽、丰满，导热差，吸湿，透气，适用于织制各种绸缎和针织品，并可用于工业、国防和医药等领域。

（1）蚕丝的特性

蚕丝是一种天然蛋白质纤维，富含人体所需的18种氨基酸，其蛋白质与人体皮肤的化学成分组成相近，与皮肤接触时柔软舒适。它具有一定的保健作用，能够提升人体皮肤细胞活力，防止血管硬化。蚕丝产品轻、柔、软、不吸尘，特别适宜老人、儿童使用。蚕丝被有良好的御寒力和恒温性，盖起来舒适性高。

（2）蚕丝的保养

可水洗的蚕丝织品洗涤时须选用中性或弱酸性洗涤剂，在洗衣机里轻柔（开丝绸、羊毛功能键）。丝织品不能暴晒，应当在阴凉干燥处通风晾干。蚕丝被在储存时，建议用深色布袋或防潮袋覆盖以防其变黄，不能用樟脑球防腐防虫，不能重压。

4. 天丝

天丝是将以针叶树为主的木浆、水和溶剂氧化铵混合，加热至完全溶解，在溶解过程中不会产生任何衍生物和化学作用，经除杂而直接纺丝。其分子结构是简单的碳水化合物。

（1）天丝的特性

天丝面料手感柔软，有真丝般的柔软触感和悬垂性。天丝的恒温性、吸湿性要比棉织物好。在使用过程中，天丝的舒适度要明显优于一般面料，在一定程度上能很好地避免闷热、潮湿的现象。天丝的触感比较凉爽，其升温速度、贴身性、保温性都要远优于纯棉面料。天丝纤维舒适透气，防螨、抗静电，同时具有耐用性强、弹性好、不易起皱、便于打理洗涤等优点。

（2）天丝的保养

洗涤时洗衣机调至弱循环挡进行洗涤，时间不宜过久，水温应适中；洗涤时应与染色衣物分开，防止被染，选用中性的洗涤剂和柔软剂。注意勿暴晒，通风挂晾，可使用适当清香剂。

5. 竹纤维

竹纤维系列产品以天然竹子为原料，用竹子中提取出的竹纤维素采用蒸煮等物理方法加工制作而成。竹纤维不含任何化学添加剂，是一种真正意义上的环保纤维。

（1）竹纤维的特性

100%纯天然材质，自然生物降解的生态纺织纤维，无添加、无重金属、无有害化学物的天然"三无"产品，透气性强，吸湿排湿，被誉为会"呼吸"的纤维。竹纤维具有柔软纤维组织，给人以天然美容丝般感受，能够吸收和减少辐射，有效抗击紫外线，适用于各种肌肤，婴儿肌肤也能细心呵护。

（2）竹纤维的保养

常温洗涤（40℃以下水温），不能用高温浸泡，洗涤不宜与化纤织物同机洗涤；建议选用中性洗衣液清洗，用碱性洗涤剂用力搓洗则容易破坏它的织物结构。如果要用洗衣机要用轻柔模式洗，最好手洗。竹纤维织物洗后放在通风避光处晾干即可，不能在日光下暴晒；应低温熨烫，不可用力拧扯，竹纤维吸水后的韧度会减弱到吸水前的60%～70%，切忌用力拉扯，以免减少其使用寿命。

6. 莫代尔

莫代尔纤维是一种纤维素纤维。该纤维以欧洲的榉树为原材料，先将其制成木浆，再通过专门的纺丝工艺加工成纤维，纤维的整个生产过程中没有任何污染。

该产品原料全部为天然材料，对人体无害，并能够自然分解。

（1）莫代尔的特性

手感柔软，悬垂性好，穿着舒适，具有天然的抗皱性和免烫性；吸湿性能、透气性能优于纯棉织物，有利于人体生理循环和健康。莫代尔纤维面料布面平整、细腻、光滑，具有天然真丝的效果；染色性优于纯棉产品，产品色泽艳丽、光亮，是一种天然的丝光面料。莫代尔纤维面料性能稳定，经测试比较，棉织物经过 25 次洗涤后，手感将越来越硬，而莫代尔纤维面料恰恰相反，莫代尔织物经过多次水洗后，依然保持原有的光滑和柔顺的手感、柔软与明亮，而且越洗越柔软，越洗越亮丽。

（2）莫代尔的保养

收藏中应防止高温、高湿和不洁环境引起霉变；应中温熨烫，叠放平整。

7. 绒布

绒布是指经过拉绒后，表面呈现丰润绒毛状的棉织物。其通过在布的表面做的针孔扎绒工艺，产生较多绒毛，立体感强，光泽度高，摸起来柔软、厚实。

（1）绒布的特性

绒布质地细腻，豪华艳丽，立体感强，颜色鲜艳，手感柔和，形象逼真。绒布无毒无味，保温防潮，不脱绒，耐摩擦，平整无隙。

（2）绒布的保养

绒布需要定期清洁，洗涤后不宜日晒，更不宜用干燥机热烘，通风避光处晾干即可。

8. 涤纶

涤纶是合成纤维中的一个重要品种，俗称"的确良"。涤纶具有极优良的定型性能，用途很广。涤纶纱线或织物在经过定型后可生成平挺的蓬松形态或褶裥等，在使用中经多次洗涤，仍能经久不变。

（1）涤纶的特性

花型花样丰富，染色性较差，但色牢度好，不易褪色，具有良好的隔热、防晒功效，并且经济实惠，易洗涤且耐用。相对于棉麻布料，涤纶布料的柔软性略差。

（2）涤纶的保养

在洗涤时，用常温水或者温水浸泡 30 分钟左右，可以使用普通的洗衣粉、洗涤剂，或者肥皂，再轻轻揉搓，最好不要甩干，不能用力拧干，轻轻压掉泡沫，再在清水中漂洗。

9. 绸缎

绸是一种薄而软的丝织品。缎是一种质地厚密而有光泽的丝织物。绸缎泛指丝织品，古时多是有钱人家作为衣物的原料，其颜色光滑亮丽，五彩缤纷。丝绸不仅是高贵的面料，而且还是艺术品。

（1）绸缎的特性

绸缎由天然蚕丝所制成，绸面光滑、亮丽，手感细腻、有飘逸感，透气性强不感闷热。在落水晾干后，绸缎的长度要缩水，缩水率达 8%～10%。

（2）绸缎的保养

在洗涤绸缎时，要用酸性洗涤剂或淡碱性洗涤剂，最好用丝绸专用洗涤剂；最好用手洗，切忌用力拧搓或用硬刷刷洗，应轻揉后用清水洗净，用手或毛巾轻轻挤出水分，在背阴处晾干。收藏时，绸缎以洗净、晾干、叠放为宜，并用布包好，放在柜中，不宜放樟脑或卫生球等。

10. 纱

通常是透明或者是半透明的纱。纱的织造组织多样化，有平纹、斜纹、大提花，色彩五颜六色。

（1）纱的特性

纱采用的大多是涤纶纤维面料，环保无毒无害。纱具有柔软的质地、若隐若现的朦胧美感。

（2）纱的保养

先用清水浸湿，再用加入苏打的温水洗涤（半桶水兑 10g 苏打），然后用温的洗衣粉水或肥皂水洗两次。洗时要轻轻地揉，最后用清水漂洗。晾时应放在干净的桌子上，用干燥的单子盖好，使其阴干，或者放在框架上晾干。晾时需将其拉抻好，用图钉定位，最后用熨斗熨平。

11.蕾丝

蕾丝是一种舶来品，网眼组织，最早由钩针手工编织。蕾丝的制作是一个很复杂的过程，它是按照一定的图案用丝线或纱线编结而成，不像中国的一些传统的花边是织制或刺绣的。蕾丝在制作时需要把丝线绕在一只只的小梭上面，每只梭只有拇指大小。一个不太复杂的图案需要几十只或近百只这样的小梭，再大一些的图案则需要几百只小梭。制作时把图案放在下面，根据图案采用不同的编、结、绕等手法来制作。

（1）蕾丝的特性

蕾丝使用锦纶、涤纶、棉、人造丝作为主要原料。如果辅以氨纶或弹力丝，则蕾丝可获得弹性。常见的蕾丝有以下四种：

①棉纶（或涤纶）＋氨纶

常见的弹力蕾丝。

②锦纶＋涤纶＋（氨纶）

可以制成双色蕾丝，通过锦纶和涤纶上染的颜色不同制作而成。

③全涤纶（或全锦纶）

可以分为单丝和长丝，单丝类多用于婚纱类，长丝类可以仿造出棉的效果。

④锦纶（涤纶）＋棉

可以做成花底异色效果。

（2）蕾丝的保养

蕾丝尽量不要放入洗衣机清洗，上等的蕾丝需要手洗或拿到专业的干洗店处理。清洗蕾丝的时候，要使用质地温和的肥皂或专门清洗娇贵纺织品的清洁剂。清洗之前，先将毛巾铺在水池里，洗后再用毛巾将蕾丝捞起，这样做可以防止蕾丝意外拉断。将湿蕾丝包裹在毛巾里吸走水分，再把它们平铺在网面晾衣架上待自然晾干。

二、织布工艺

织布工艺主要有梭织、针织和无纺三种。其中，梭织，即经纬纱相交织成的；针织分经编和纬编；无纺，即不是织出来的。

梭织物也称机织物，基本的织物纹路有平纹、斜纹和缎纹三种。不同的面料由这三种基本形式组合而成，主要有雪纺、牛津布、牛仔布、斜纹布、法兰绒等。

针织物是用织针将纱线或长丝勾成线圈，再把线圈相互串套而成。由于针织物为线圈结构，弹性较好。面料也有单面和双面之分，主要有汗布、天鹅绒、网眼布等。

三、制作工艺

布艺面料可根据制作工艺大致分为染色布、色织布、提花布等几大类。

1. 染色布

最初，染色是以蓝草为染料，古时候的布匹染色分为扎染、蜡染、蓝印，这三项技术被称为三大传统染色技艺。

扎染也叫扎缬、绞缬、夹缬和染缬，是民间传统的染色技艺，是指用绳子、丝线、木板等对布匹进行扎、缝、缀、夹，再进行染色。

蜡染也称蜡缬，是少数民族的染织技艺。先用蜡刀蘸熔蜡绘制于白布之上，再用蓝靛浸染去蜡，布面会呈现出蓝底白花或白底蓝花，并有自然龟裂的特殊冰纹。

蓝印染色是传统的镂空版印花，有1300年的历史。蓝印花布用石灰、豆粉合成灰浆烤蓝，用全棉，纯手工纺织、刻版、刮浆等印染而成。

现代染色分为两类：针织物染色和梭织物染色。现代染色有别于传统手工染色，利用机械化生产漂洗坯布，去除天然纤维杂质，烧毛、退浆后进行高温高压一次或多次上色，再进行后整理、预缩定型等工序。

2. 色织布

色织布根据图案需要，先把纱线分类染色，再经交织而构成色彩图案，色织布立体感强，纹路鲜明，且不易褪色。

3. 提花布

提花布是经纱和纬纱相互交织形成的凹凸有致的图案。提花布最大的优点是纯色自然、线条流畅、风格独特，简单中透出高贵的气质，能很好地搭配各式家具，这一点非印花布所能媲美。而且，提花面料与绣花和花边结合，更能增添面料的美观性，设计出来的产品大气、奢华，一般可用于高中档窗帘、沙发布料。

四、布艺经典纹样

纹样古称纹缕，最初是记录生活、表达情感的一种方式，从新石器时代算起已有七八千年历史，以后逐渐发展演变，汇集了无数的能工巧匠的精魄，构成变化多样，体现了各个民族的智慧。纹样伴随着人类生产活动而产生，在人类社会初期就已经出现，是人类生活中原始本能的再现，用装饰来表现人们对生活的追求。纹样的风格各异、变化多样，具有强烈的时代感、地域感和民族感。

（一）卷草纹

卷草纹，也叫卷枝纹，是中国古代传统纹样的典型代表。所谓卷草即在连绵不断的波浪上装填花卉、枝叶而形成，是抽象描绘植物形态的连续纹样，其结构形态优美婉转，流畅圆润。

（二）缠枝纹

缠枝纹最初被应用于瓷器中，起源于汉，盛行于明，现广泛应用于布艺、瓷器、绘画等方面，是藤蔓型卷草纹的延续和深化。缠枝纹使用植物枝茎形成蔓状，以波浪形、回转形、涡旋形图案扭曲缠绕，配有叶片、花朵、果实，常见有缠枝莲、缠枝菊、缠枝牡丹、缠枝葡萄、缠枝石榴、缠枝百合以及"人物鸟兽缠枝纹"等。

（三）团花纹

团花纹最早可追溯到魏晋南北朝时期，但也有观点称，其出现在隋唐时期。团花纹的形成可能受到了西域艺术的一些影响，如唐代很多图案中就有波斯文化的要素。所谓"联珠团花"便是这方面的例子，主要是指以各种植物、动物或吉祥文字等组合而成的圆形图案，以圆形为基本构图的吉祥图案有花好月圆之意。

（四）佩兹利纹

佩兹利纹样是世界上最被认可的纹样之一。佩兹利纹样可以追溯到两千多年前，最早起源于印度。其原型为生长在东南亚和印度的藤本植物，是花边泪滴的图案，外形酷似一个大逗号，寓意吉祥美好、绵延不断。佩兹利纹除经典的形态和题材限制之外，格律、色彩、表现方式不受任何约束，后因其华美、精致、绚烂的图案被全世界广泛喜爱。佩兹利纹具有细腻、繁复、华美的艺术特征，历经岁月的洗礼而经久不衰。

（五）友禅纹

友禅纹是日本的传统纹样，由日本扇绘师宫崎友禅斋创造并因其得名，由日本特有染色技法友禅染得来。友禅纹以糯米制成的防染糊料进行描绘染色，结合运用多种工艺而成，如印染、手描、刺绣、扎染、蜡染、揩金。友禅纹多使用樱花、竹叶、兰草、红叶、牡丹、扇面、龟甲、清海波、雷纹等。

（六）蜡防纹

蜡防纹源于印度尼西亚和马来西亚，是蜡液防染的东南亚国家传统染织面料纹样，以爪哇地区为代表，亦称爪哇印花布，现已发展成具有审美价值的饰品。蜡防纹用小型黄铜工具蘸蜡液在布上勾勒细腻的图形，再予以染色、脱蜡，曾用作宫中御用布，多以动植物纹构成，如神蛇纹、蝴蝶纹、飞禽纹、花束纹、鱼鳞纹、谷粒纹、蛛网纹等。该纹样的图案紧密细致，色彩对比丰富，呈现的植物繁茂华美、动物灵动多姿，具有很强的民族特色。

（七）大马士革纹

大马士革纹是欧洲经典纹样，源于大马士革钢刀的花纹。大马士革钢刀所用的乌兹钢锭在铸造时会产生特殊的花纹——穆罕默德纹，这种纹路属于花钢纹中铸造型花纹钢，区别于折叠锻打形成焊接型花纹钢和淬火型花纹钢。大马士革钢刀的花纹象征着锋利与珍贵，因为其高贵和优雅风靡欧洲各地的宫廷、皇室、教会等。后来大马士革纹成为欧洲装饰的经典图案，广泛应用于服装、布艺、建筑、绘画等领域。大马士革纹能给人以天鹅舞曲般的优雅感觉。

（八）朱伊纹

朱伊纹源于 18 世纪晚期，在原色面布上进行铜版或木版印染，圆形、椭圆形、菱形、多边形构成各自区域性的中心，配有人物、动物、神话等元素。图案层次分明，单色相的明度变化印制在本色棉、麻布上，古朴而浪漫，被广泛运用在欧式风格的床品、沙发、抱枕中，以及一些装饰容器、摆饰的表面。

五、布艺设计基本原则

当代社会人们对生活环境的要求、空间气氛的品位与日俱增，不仅要享受舒适的生活环境，而且要品味文化艺术氛围，设计也越来越重视细节。不同元素的融入、新材料的结合、新颖的表现形式、独特的艺术手段，使布艺设计迈上了一个新的台阶。布艺以其独特的属性，在装修装饰中得到了广泛应用。布艺种类繁多，在设计中要遵守多种原则，恰到好处的设计能够为空间点睛增色，而胡乱地堆砌只会适得其反。室内布艺设计在选择上，要把控室内空间色彩基调，奢华、自然、温暖、典雅，在众多感情基调中营造与之相适应的气氛。

（一）色调设计

空间基调由硬装风格和家具款式确定。家具的色调决定了整体空间的色调。在空间中，布艺依附于家具，所以布艺的色调要参照空间基调。

（二）尺寸控制

帷幔、壁挂、窗帘等布艺装饰面积大小、尺幅长短等，都要与室内空间的悬挂立面尺寸匹配。对于较大的窗，应以宽过窗洞的长度接近或以落地的窗帘来进行装饰。在大空间中应使用大型图案的布饰，在小空间中应使用细小图案的布饰，以便保证空间内的平衡。

（三）材质选择

在面料材质上，尽可能选择相同或相近的元素，避免材质方面的杂乱。同时，在部分地方采用功能统一的材质进行过渡协调也非常重要。材质选择要以人为本，客厅选用华贵优雅的材质，卧室选用舒适柔和的材质，厨房选用抗污易洗的材质。布艺质感的表现也尤为重要，需要顾及与人体接触时的触感，这也体现出设计的本质应当是以人为本。

六、布艺的分类及应用

布艺材质柔软，可塑性强，在软装设计中能够起到柔化室内整体空间效果、调和室内颜色的作用，让整个空间达到和谐、雅致。布艺在室内装饰中的面积可达到30%～60%，对整体环境气氛的营造起着重要的作用，并能够很好地衬托空间主题元素。布艺是营造室内空间色彩的决定性配饰元素，可以改变整体空间的色彩气氛。

（一）家具布艺

布质家具具有一种柔和的质感，且具有可清洗、可更换的特点，其清洁维护十分方便，因此深受人们的喜爱。在进行整体软装设计时，家具布艺一定是重中之重，因为它决定着整体风格和格调。

布质家具由于布花的多变，能够搭配不同的造型，风格便趋于多元化。但大多数布质家具所呈现的风格仍以温馨舒适为主，以与布质本身的触感相应。美式或欧式乡村家具常运用碎花或格布纹布料，以营造自然、温馨的气息，与其他原木家具搭配，更能出色地表达自然、温馨的气息。西班牙古典风格常以织锦、色彩华丽或夹着金葱的缎织品为主，以展现贵族般的华贵气质；意大利风格在选择布品时，仍不脱离其简洁、大方的设计原则，常以极鲜明的单色布料来彰显家具本身的个性。东方风格的家具很少将布艺直接与家具结合，而是采用靠垫、坐垫等进行装饰。

（二）窗帘布艺

窗帘是由帘体、辅料、配件三大部分组成的。配件包括钩子、绑带等。辅料包括布带、铅线、铅块、花边、流苏、配布等。帘体包括帘头、布帘和纱帘。一般情况下，帘头与布帘用统一颜色制作，款式多样，如平铺、打折、水波等。

1.窗帘基本类型

（1）开合帘（平开帘）

开合帘是指可沿着轨道的轨迹或杆子做平行移动的窗帘，一般可分为以下三种类型：

①欧式豪华型

上面有窗幔，窗帘的边饰有裙边，花型以色彩浓郁的大花为主，华贵富丽。

②罗马杆式

窗帘的轨道采用各种造型或材质的罗马杆，分为有窗幔和无窗幔两种。

③简约式

这类窗帘突出了面料的质感和悬垂性，不添加任何辅助的装饰手段，以素色、条格形或色彩比较淡雅的小花草为素材，显得时尚和大气。

（2）罗马帘（升降帘）

罗马帘是指可在绳索的牵引下做上下移动的窗帘。

（3）卷帘

卷帘是指可随着卷管的卷动做上下移动的窗帘。

（4）百叶帘

百叶帘是指可以做180°调节，并可以做上下或左右移动的硬质窗帘。

（5）遮阳帘

遮阳帘一般指天棚帘和户外遮阳帘。

2. 窗帘按照材质分类

窗帘按照材质可以分为纯棉窗帘、麻布窗帘、涤纶窗帘、混纺窗帘。

（1）纯棉窗帘

纯棉窗帘是指纯棉织物制造的窗帘，具有吸湿性、耐热性、卫生性等特点。

（2）麻布窗帘

麻布窗帘是指以麻布制作的窗帘，它的优点是强度极高，吸湿、导热、透气性甚佳。

（3）涤纶窗帘

涤纶窗帘是指涤纶织物制造的窗帘，具有强度高、弹性好、耐热耐磨等优点。

（4）混纺窗帘

混纺窗帘是指用混纺织物制造的窗帘，具有挺拔、不易皱褶、易洗、快干的特点。

3. 窗帘按照工艺分类

窗帘按照工艺可分为色织面料、印花面料、提花面料、染色面料、剪花面料、烂花（烧花）面料、植绒面料、绣花面料、烫金（银）、雕印、手绘面料、经编等。

（1）色织面料

根据图案需要，先把纱布分类染色，再经交织而构成色彩图案成为色织布，其特点是色牢度强，色织纹路鲜明，立体感强。

（2）印花布

将图案及色彩直接通过转移或是圆网工艺印到素坯布上，其特点是色彩艳丽，图案丰富并且细腻，工艺比较简单。

（3）染色布

在素坯上染上单一色彩，其特点是自然，色彩丰富，可以自由调色。

（4）提花布

布面上的花型有凹凸感，是经过经纬线交织而成的，其特点是立体感强，使面料更加美观。

（5）剪花布、烂花布、植绒布

均是在基础面料（如色织面料、印花面料、提花面料、染色面料）工艺上进行处理的，也可以是用不同工艺的结合来展示不同面料的感觉。

（6）烂花（烧花）面料

将混纺面料中的成分按照其对耐酸碱的程度不同，将面料通过酸碱腐蚀，达到一定程度的半透明度来展示花型而成，这类面料花型突出，轻薄透明，轮廓清晰，手感细腻。

（7）植绒面料

将毛绒纤维按照一定的图案粘贴在面料上，这样的面料立体感强，比较美观。绒由于吸音性、吸潮性较好，广泛用于现代家庭当中。

（8）绣花面料

在已经加工好的织物上进行穿刺，将绣线组织成各种图案和色彩绣于面料上，通常有平绣、绳绣、珠片绣、贴布绣这几种类别。

（9）烫金（银）

经过高温处理将金银纸膜烫在面料表面，增加其奢华感。与雕印工艺不同的是，雕印的工艺更复杂，而且不会脱落。

（10）手绘面料

将一些环保涂料用手工绘制到面料上，图案精致、生动、优雅，极具观赏价值。

（11）压花

通过高温或是物理工艺在面料的表面压出一些规则或不规则的肌理。其面料幅宽一般比正常面料窄。

（12）经编

多根经纱线沿着面料编织顺序成圈编织而成。

4.窗帘按照风格分类

窗帘按照风格，可分为如下几种：

（1）巴洛克风格窗帘

大方庄重，色彩浓郁，与室内的陈设互相呼应，纯色丝光窗帘与白墙面和金色雕花是最佳搭档。

（2）洛可可风格窗帘

具有柔美感觉，幔帘设计丰富，有变化，多采用明快、柔和却豪华、富丽的色彩。

（3）简欧风格窗帘

可能是目前最受欢迎的设计风格之一，摒弃了古典欧式窗帘的繁复构造，甚至没有幔帘装饰，而采用罗马杆支撑，多层次布帘设计还保留了欧式风格的华贵质感。

（4）中式风格窗帘

可以选一些丝质材料制作，讲究对称和方圆原则，采用拼接和特殊剪裁方法制作出富有浓郁唐风的帘头，可以很好地诠释中式风格。在款式上，采用布百叶的窗帘设计是对中式风格的最佳诠释，对于落地窗帘则以纯色布料的简单褶皱设计为主。

（5）田园风格窗帘

美式田园、英式田园、韩式田园、法式田园、中式田园等均可拥有共同的窗帘特点，即由自然色和图案布料构成窗帘的主体，而款式以简约为主。

（6）东南亚风格窗帘

一般以自然色调为主，以完全饱和的酒红、墨绿、土褐色等最为常见。设计造型多反映民族的信仰，以棉麻材质为主的窗帘款式多粗犷、自然。东南亚风格窗帘多热情奔放，所选多为自然材质，有极为舒适的手感和良好的透气性。

（7）现代风格窗帘

线条造型简洁，而且往往运用许多新颖的材料，色彩方面以纯粹的黑、白、灰和原色为主，或者以各种抽象的艺术图案为题材。

（三）床品布艺

床是卧室布置的主角，床上布艺在卧室的氛围营造方面具有不可替代的作用。床品除了具有营造各种装饰风格的作用外，还具有适应季节变换、调节心情的作用。

1. 欧式风格床品

欧式风格的床品多采用大马士革、佩斯利图案，风格上大方、稳重，做工精致。这种风格的床品色彩与窗帘和墙面色彩应高度统一或互补，而欧式风格中的意大利风格床品则采用具有非常纯粹色彩的艺术化的图案。

2. 中式风格床品

中式风格床品多选择丝绸材料制作，中式团纹和回纹都是这个风格最合适的元素之一，有时候会以中国画作为床品的设计图案，尤其在喜庆时候采用的大红床组更是对中式风格最明显的表达。

3. 田园风格床品

田园风格床品与窗帘一样，都由自然色和自然元素图案布料制作而成，而款式则以简约为主，尽量不要有过多的装饰。

4. 东南亚风格床品

东南亚风格的床品色彩丰富，可以总结为艳、魅，多采用民族的工艺织锦方式，整体感觉华丽热烈，但不落庸俗之列。

5.地中海风格床品

地中海周边的国家由于长久的民族交融，床品风格变得飘忽不定，全世界的所有风格在这个区域都可以找到，清爽利落的色彩是这个区域共同秉承的布艺原则。

（四）地毯布艺

如今，室内装饰中，地毯的软装效果越来越被重视，并且已经成为一种新的时尚潮流。地毯除了具有很重要的装饰价值以外，还具有美学欣赏价值和独特的收藏价值，比如一块弥足珍贵的波斯手工地毯就足可传世。

1.地毯在家居环境的功用

地毯以强烈的色彩、柔和的质感，给人带来宁静、舒适的优质生活感受，其价值已经大大超越了其具有的地面铺材作用。地毯不仅可以让人们在冬天赤足席地而坐，还能有效地规划界面空间，有的地毯甚至还成为凳子、桌子及墙头、廊下的装饰物。

2.地毯的种类

（1）按材质分

地毯按材质可分为纯羊毛地毯、真皮地毯、化纤地毯、藤麻地毯、塑料橡胶地毯等。

①纯羊毛地毯

羊毛地毯均采用天然纤维手工织造而成，具有不带静电、不易吸尘土的优点，由于毛质细密，受压后能很快恢复原状。纯羊毛地毯图案精美，色泽典雅。

②真皮地毯

真皮地毯一般是指皮毛一体的真皮地毯，如牛皮、马皮、羊皮等。使用真皮地毯能让空间具有奢华感，为客厅增添浪漫色彩。真皮地毯价格高，具有收藏价值，尤其刻制有图案的刻绒地毯更能保值。

③化纤地毯

化纤地毯可分为尼龙、丙纶、涤纶和腈纶四种。其中，尼龙地毯的图案、花色类似纯毛，由于具有耐磨性强、不易腐蚀、不易霉变的特点备受市场欢迎，但缺点是阻燃性、抗静电性差。

④藤麻地毯

藤麻地毯是乡村风格最好的烘托元素，是一种具有质朴感和清凉感的材质，用来呼应曲线优美的家具、布艺沙发或者藤制茶几，效果都很不错，尤其适合乡村、东南亚、地中海等亲近自然的风格。

⑤塑料橡胶地毯

塑料橡胶地毯是极为常见和常用的一种地毯，具有防水、防滑、易清理的特点，通常置于商场、宾馆、住房大门口及卫浴间。

（2）按表面纤维状分

地毯按表面纤维状可分为圈绒地毯、割绒地毯和圈割绒集合地毯三种。

①圈绒地毯

将纱线簇植于主底布上，形成一种不规则的表面效果，称为圈绒地毯，由于簇杆紧密，耐磨性极好，适合频繁踩踏之处使用。

②割绒地毯

割绒地毯是把圈绒地毯的圈割开而制成的地毯类型，外表平整，绒感相对较好，也将外观与使用性能很好地融于一体，但在耐磨性方面则不如圈绒地毯。

③圈割绒集合地毯

圈割绒集合地毯是割绒与圈绒的结合体，绒头纱线因高低不同组合而产生丰富的外观效果，具有脚感好、弹性和回弹性良好的特点。

3. 家居环境的地毯选用

在选择地毯时，必须从室内装饰的整体效果入手，注意从环境氛围、装饰格调、色彩效果、家具样式、墙面材质、灯具款式等多方面考量，从地毯工艺、材质、造型、色彩图案等诸多方面着重考虑。

首先，需要注意的是地毯铺设的空间位置，要考虑地毯的功能性和脚感的舒适度，以及防静电、耐磨、防燃、防污等方面因素；在购买地毯时，应注意室内空间的功能性。

在客厅中间铺一块地毯，可拉近宾主之间的距离，增添富贵、高雅的气氛；在餐桌下铺一块地毯，可强化用餐区域与客厅的空间划分；在床前铺一块长条形地毯，有拉伸空间的效果，并可方便主人上下床；在儿童房铺一块长方形地毯，可方便孩子玩耍；在书房桌椅下铺一块地毯，可平添书香气息；在厨卫间铺一块地毯则主要是为了防滑。

其次，图案色彩需要根据居室的室内风格确定，基本上应该延续窗帘的色彩和元素。另外，还应该考虑主人的个人喜好和当地的风俗习惯。地毯根据风格可以分为现代风格、东方风格、欧洲风格等几类。

（1）现代风格地毯

多采用几何、花卉、风景等图案，具有较好的抽象效果和居住氛围，在深浅对比和色彩对比上能够与现代家具有机结合。

（2）东方风格地毯

图案往往具有装饰性强、色彩优美、民族地域特色浓郁的特点，如梅兰竹菊、岁寒三友、五福图、平安吉祥等题材，配以云纹、回纹、蝙蝠纹等图案，这种地毯多与传统的中式明清家具相配。

（3）欧洲风格地毯

多以大马士革纹、佩斯利纹、欧式卷叶、动物、建筑、风景等图案构成立体感强、线条流畅、节奏轻快、质地醇厚的画面，非常适合与西式家具相配套，能打造西式家庭独特的温馨意境和不凡效果。

（五）应用

居室内的布艺种类繁多，搭配时要遵循一定的原则，恰到好处的布艺装饰能为家居增添色彩，胡乱堆砌则会适得其反。在进行布艺设计时，空间的色彩基调要明确，尺寸大小要准确，布艺面料要对比，风格元素要呼应。

首先，一个空间的基调是由家具确定的，家具色调决定着整个居室的色调。空间中的所有布艺都要以家具为基本的参照标杆，执行的原则是：窗帘参照家具、地毯参照窗帘、床品参照地毯、小饰品参照床品。

其次，窗帘、帷幔、壁挂等悬挂的布艺饰品的尺寸要合适，包括面积大小、长短等要与居室空间、悬挂立面的尺寸相匹配。例如，对于较大的窗户，应以宽出窗洞、长度接近地面或落地的窗帘来装饰；在小空间内，要配以图案细小的布料；一般大空间选择用大型图案的布饰比较合适，这样才不会有失平衡。

再次，在面料材质的选择上，尽可能地选择相同或相近元素，避免材质的杂乱。当然，采用与使用功能统一的材质也是非常重要的。比如，装饰客厅可以选择华丽、优美的面料，装饰卧室就要选择流畅、柔和的面料，装饰厨房可以选择结实、易洗的面料。

又次，整体空间的布艺选材质地、图案也要注意与居室整体风格和使用功能相搭配，在视觉上达到平衡的同时给予触觉享受，给人留下一个好的整体印象。例如，地面布艺颜色一般稍深，台布和床罩应反映出与地面的大小和色彩的对比，元素尽量在地毯中选择，采用低于地面的色彩和明度的花纹来取得和谐是不错的方法。

最后，在居室的整体布置上，布艺的色彩、款式、意蕴等也要与其他装饰物呼应协调，表现形式要与室内装饰格调统一。

1. 窗帘的选择方式

根据空间风格和大小选择：简约型的小空间宜选用简洁、大气的款式和较小的花型，体现温馨、恬静的氛围，且使空间有放大感，比较保险的方式为选择纯色窗帘。法式等大空间则可以采用精致、气派或具有华丽感的样式及较大的花型，给人强烈的视觉冲击力。

根据空间色调和光线选择：如果室内色调柔和，为了使窗帘更具装饰性，则可采用强烈对比的手法。例如，可以在色调同一饱和度内使用撞色，改变空间的视觉效果。如果空间内已有色彩鲜艳的装饰画，或其他色彩靓丽的家具、饰品等，窗帘的色彩则最好素雅一些。另外，居室如果位于低楼层，且采光较差，则应尽量选用明亮的纯色窗帘。

窗帘纹样与其他软装的搭配形式：窗帘纹样与空间中其他软装个体，如墙纸、床品、家具面料等的纹样相同或相近，能使窗帘更好地融入整体环境中，营造出和谐一体的同化感。如果窗帘与其他软装个体的色彩相同或相近，但纹样存在差异化，则既能突出空间的层次感，又能互相呼应。

不同空间的窗帘应与整体房间、家具、地板颜色保持和谐，一般窗帘的颜色要深于墙面。

（1）客厅

质地上适宜选择薄型织物，如薄棉布、尼龙绸、薄罗纱、网眼布等，能透过一定程度的自然光线，也可以令白天的室内有隐秘感和安全感。小餐厅窗帘宜简洁，避免使空间因为窗帘的繁杂而显得更为窄小。

（2）餐厅

大餐厅则宜采用大方、气派、精致的样式，以窗纱配布帘的双层面料组合为多，一来隔音，二来遮光效果好。

（3）卧室

卧室也可以选择遮光布，良好的遮光效果可以营造舒适的睡眠环境；颜色上避免花哨，以防降低工作、学习效率。

（4）书房

适宜木质百叶帘、素色纱帘或隔声帘，可选择易擦洗的百叶帘，或收放自如的卷帘。

（5）厨房

厨房也可以选择装饰半帘，起到美化作用，体量小，方便清洗。窗帘款式应以简洁为主，好清理也要好拆卸。

（6）卫浴

卫浴尽量选择防水、透光不透明的柔纱帘。

2. 床品的选择方式

床品可与窗帘等软装饰同款：选择与窗帘、沙发罩或沙发靠包等软装饰相一致的面料做床品，形成"我中有你""你中有我"的空间氛围。需要注意的是，此种搭配更适用于墙壁、家具为纯色的卧室，否则会造成凌乱的视觉观感。

床品色彩可来源于整体空间：如果卧室的环境色为浅色，则床品不妨选择深色或撞色，使整个空间富有生机。另外，床品色彩也可以选择与墙面或家具相同或相近的色调，令睡眠氛围更柔和。为了避免整体空间苍白、平淡，没有色彩感，改善的方法为使用一些带有色彩感和图案的靠枕、搭毯进行调剂，也可选择带有轻浅图案的床品，打破色调单一的沉闷感。

（1）单身男性

适合表现冷峻的色彩，以冷色系以及黑、灰等无色系色彩为主，明度和纯度均较低，也适合表现厚重的色彩，以暗色调和浊色调为主，能够表现出力量感。

图案一般以几何造型、简练的直线条为主，简单而利落。

（2）单身女性

色相基本没有限制，即使是黑色、蓝色、灰色也可以使用，但需要注意色调的选择，避免过于深暗的色调及强对比。适宜红色、粉色、紫色等色彩，同样应注意色相不宜过于暗淡、深重。图案以花草纹最为常见，曲线、弧线等圆润的线条则能体现出女性的柔美。材质上可以运用蕾丝、流苏来展现唯美、浪漫氛围。

（3）婚房

少不了红色床品，可采用面积、明暗、纯度上对比活跃的色彩气氛。对于面积不大的新房，床品不适合浓重的颜色。图案以心形、玫瑰花等较为多见，也常有新婚璧人的卡通图案。

（4）男孩

避免过于温柔的色调，可用代表男性的蓝色、灰色或中性的绿色为配色中心。可根据男孩年龄来搭配布艺色彩。年纪小一些的男孩适合清爽、淡雅、丰富、活泼的色系；而处于青春期的男孩会较排斥过于活泼的色彩，最好选择冷色和中性色。床品可选用卡通、涂鸦等，以便引起孩童的兴趣。

（5）女孩

床品色彩常用亮色调以及接近纯色调的色彩，如粉红、红色、橙色、高明度的黄色或棕黄色。床品也会用到混搭色彩，达到丰富空间配色的目的。配色不要杂乱，可选择一种色彩，通过明度对比，再结合一种到两种同类色搭配。图案可采用七色花、麋鹿、花仙子、美少女等梦幻图案或卡通图案，营造童话气息。

（6）老人

在柔和的前提下，可使用一些对比色来增添层次感和活跃度。床品应避免繁复图案，以简洁线条和带有时代特征的图案为主。床品应使用色调不太暗沉的温暖色彩，表现出亲近、祥和的感觉。红、橙等高纯度且易使人兴奋的色彩应避免使用。

3. 地毯的选择方式

根据居室色彩选择：如果家居空间以白色为主，地毯的颜色可以丰富一些，使空间中的其他家居品成为映衬地毯艳丽图案的背景色。当然，如果业主喜欢素雅的空间环境，灰色或米色的纯色地毯同样适用。如果家居色彩丰富，则最好选用能呼应空间色彩的纯色地毯，这样才不显得凌乱。

根据家居空间选择：开放式空间可挑选一块大地毯铺在会客区，空间布局即可一目了然。面积较大的房间可将两块或多块地毯叠层铺设，会为空间带来更多变化。面积较小的空间可用地毯将家具圈起来，形成围合状，可使空间产生扩张感。不同空间的地毯应用也有所不同。

（1）玄关

玄关通常比较小，适合选择尺寸略小、厚度薄，具有防滑性能的款式。如果地毯不防滑，则建议加垫一块防滑垫。玄关还适合容易清洗、容易打理且抗污性能高的化纤地毯或麻地毯。

（2）客厅

客厅走动频繁，优先考虑地毯的耐磨、耐脏性能。地毯图案应根据客厅的风格来选择。

（3）卧室

卧室的地毯一般放在门口或者睡床一侧，大小以 1.8 米 ×1.2 米的地毯或是脚垫为宜。在色彩上，可将卧室中几种主要色调作为地毯颜色的构成要素。卧室中的地毯不太注重耐磨性，最好选择天然材质的地毯，脚感舒适，不易起静电。

（4）书房

书房中地毯的图案应相对简单，在色彩上选择低饱和度的色彩，营造适宜学习和工作的空间氛围。

（5）过道

在过道适宜铺长地毯，能起到收缩面积的作用，有效减少过道狭长的观感。

第四节　花艺的选择与陈设

插花是指人们以自然界的鲜花、叶草为材料，通过艺术加工，在不同的线条和造型变化中，融入一定的思想和情感而完成的花卉的再造形象。插花是一门古老的艺术，寄托了人们美好的情感。插花起源于人们对花卉的热爱，通过对花卉的定格表达体验生命的意境。中国插花历史悠久，素以风雅见称于世，形成了独特的民族风格，色彩鲜丽，形态丰富，结构严谨。

一、花材品种

在花艺设计中，用胡适的话来讲，那就是"进一寸有进一寸的欢喜"。从花材的形状来分类，花材简单地分为团状花材、线状花材、点状花材和不规则花材。

（一）团状花材

从"团"这个字上就可以看出，这种花的形状大致是圆形的。在西方花艺中，团状花主要作为焦点花来使用，常用的团状花一般有玫瑰、月季、非洲菊、康乃馨、芍药、睡莲、洋牡丹、洋桔梗、向日葵。

（二）线状花材

线状花材就是外形呈现为线条状的花材，线性花材在插花中常用来搭建框架，勾勒线条，比较常见的线状花材有唐菖蒲、蛇鞭菊、紫罗兰、金鱼草、银芽柳、红瑞木、散尾葵、尤加利叶、跳舞兰等。

（三）点状花材

点状花材又称散点花，通常指由许多简单的小花组成大型、蓬松、轻盈的花序枝。常用的花材有满天星、勿忘我、情人草、黄莺、小菊花、石竹梅、绣球花、天竺葵、水仙百合等。这些花材主要是散插在焦点花之间，起填充、陪衬和烘托的作用，营造出一种朦胧和梦幻的感觉。

（四）不规则花材

不属于以上三种形状的花材都可以归属到不规则花材这个类型中，包括香水百合、红掌、鸡冠花、木百合、石斛兰、小苍兰、海芋、天堂鸟等。这些花材有时可以当线性花材来勾勒线条，有时又能当成焦点花来使用，有时甚至能当成散状花来点缀，所以不规则花型的具体使用要根据整体作品的表现来定。

（五）填充花（散状花）

填充花分枝较多且花朵较为细小，一枝或一枝的茎上有许多小花，具有填补造型的空间以及花与花之间连接的作用，如小菊、小丁香、满天星、小苍兰、白孔雀等。

二、花材搭配

（一）鲜花插花

全部或主要用鲜花进行插制。它的主要特点是最具自然花材之美，色彩绚丽，花香四溢，饱含真实的生命力，有强烈的艺术魅力，应用范围广泛。其缺点是水养不持久，费用较高，不宜在暗光下摆放。

（二）干花插花

全部或主要用自然的干花或经过加工处理的干燥植物材料进行插制。它既不失原有植物的自然形态美，又可随意染色、组合，插制后可长久摆放，管理方便，不受采光的限制，尤其适合在暗光下摆放。在欧美一些国家和地区十分盛行干花插画作品。其缺点是怕强光长时间暴晒，也不耐潮湿的环境。

（三）人造花插花

所用花材是人工仿制的各种植物材料，包括绢花、涤纶花等，有仿真性的，也有随意设计和着色的，种类繁多。人造花多色彩艳丽，变化丰富，易于造型，便于清洁，可长时间摆放。

（四）混合式插花

将上述插花方式综合应用。鲜花色泽艳丽，能够净化空气，但是，鲜花容易枯萎，需要经常更换，成本较高。干花能长期保存，这是干花的优势，但是，干花缺少生命力，色泽感较差。人造花可塑性比较好，也易于打理，人们能根据自己的爱好选择自己喜欢的花卉，但是，人造花的弱势是不具备生命力，存在着很大的局限性。鲜花与干花在品质上并不能相提并论。所以，要发挥不同材质花的优势，设计师需要认真考虑空间的条件。例如，在盛大而隆重的庆典场合，建议使用鲜花，因为鲜花能更好地烘托气氛，体现出庆典的品质。在光线昏暗的空间，可以选择干花，因为干花不受采光的限制，又能展现出自然美。除此之外，干花可以随意调色，能长久保存，装饰效果也充满古典气息，非常适合咖啡厅、电影院等场所，而医院、图书馆等场所一般选用清新、淡雅的绿色植物作为装饰，如文竹、芦荟、白百合。过分鲜艳或者气味浓烈的植物容易让人产生不愉快的感觉，并不适合空间装饰的整体基调。

三、花艺流派

国际花艺流派主要表现为以下类别：中式、日式、法式、德式、英式、泰式、韩式，还有很多其他风格的花艺流派。

（一）中式插花

中式插花重视花枝的美妙姿态和精神风韵，喜用素雅高洁的花材；造型讲究线条飘逸自然，构图多为不对称均衡。中式插花能够利用不多的花枝，达到虚实、刚柔、疏密的对比与配合，或柔或刚，或粗或细，或秀雅或苍古，轻描淡写，清雅绝俗，展现出"一叶一世界、一花一乾坤"的艺术天地。中式插花取材绝不随意，古人们很看重花材背后的内涵和寓意，水仙花冰肌玉骨，是"凌波仙子"；松枝一身傲气，象征威严长寿；梅兰竹菊是四君子，清高淡雅。民间还有"春天折梅赠远，秋天采莲怀人"的传统习俗，这些寓意深刻的花材使中式插花作品被赋予更多精神意义。

（二）日式插花

作为东方插花主流之一的日式插花，对世界近现代插花的发展起了重要作用。日式插花起源于中国，最初是由唐代佛前供花随佛教一起传入日本的，后来吸收了中国佛前供花的精髓，结合日本的习俗，制定了祭祀插花时花材配置的种种规矩，这便是池坊流最早的花型——立花的基础。19 世纪后，中国瓷器大量输入日本，日本武士、将军争相购买。为炫耀自己的财富，他们有时在瓶内插上鲜花供人观赏。插花遂由佛教供花转变成装饰花瓶的观赏花。

16 世纪以后，插花在日本得到了广泛的普及。17 世纪末，我国明代袁宏道的插花专著《瓶史》传入日本，在那里得到了发扬光大，日本人据此创立了独特的插花艺术流派——宏道流。18 世纪以后，日式插花又相继出现"生花"和"自由花"等样式，插花在日本民间成为一种必备的教养，造型不再拘泥于形式，而是更趋向于自由构思。19 世纪，日式插花出现了"盛花"形式。在明治维新后，插花在民间广为流传，并产生诸多的流派。

日本传统插花源自中国，并与中式插花同归于东方式插花，二者之间有着共同的文化基础、审美情趣和风格特点。但是，历经十几个世纪，日式插花艺术与其特定的自然地理环境、政治制度、文化习俗相结合，已然自成一体，有着独特的风格与特色。日式插花始终以自然界生长的花木为表现的物象，认为自然是受到尊敬的，植物的品格也应为人崇尚。花道提倡从自然中吸取艺术精华，触发创作灵感，以达到师法自然而高于自然的效果。日本传统插花不仅是把花优美地插在一起，而且表达了深邃的宗教和哲学意义。日本人认为，花有"本色"，在插花时尊重其"本色"，也就体现了对花、对人的尊重。日式插花讲求色彩温和淡雅，作为花道传统的花型，"立花"与"生花"中都含有不少中国儒家的哲理意念。

（三）法式自然系花艺

自然系花艺起源于法国。自然系风格是在传统欧式花艺设计基础之上，融入了东方插花的理念，强调在充分观察理解鲜花和植物个性、姿态和生长的自然势态的基础上来表现作品的全新设计理念。设计灵感来源于大自然，追求花材自然、真实的美感，强调从花材本身出发，充分观察理解鲜花和植物的个性、姿态，以其生长的自然势态来创作作品。它要求设计者不仅要表现植物的"美丽"，还要将其作为一个独立的生命来把握。在设计时，设计者不仅要观察鲜花的形状和姿态，还要充分发挥花朵和枝条的动感、叶片的长势，以及花朵的朝向、性情、质感和色彩等诸多条件，呈现一种松散而不凌乱的美。

（四）德式架构花艺

架构花艺起源于德国，是设计师采用联想、象征、意向等方法通过对不同的素材进行塑形后创建一个主题构架，再创作鲜切类花艺艺术，能增强作品的层次感、空间感和立体感，同时还具有气度感、华丽感和时代感。这种花艺打破了花器对花艺的限制，构图更加自由，表现方法更加大胆新颖。架构对花艺师的设计理念、材料应用、技巧技法、色彩掌控都有极高的要求。设计元素要紧贴主题，不仅要给人视觉上的美感，还要有景外之情，实现情景交融。声、光、电技术在花艺作品中得到广泛应用。

在西方大型架构花艺中，分类很细，总体可以按架构造型和功能来分类。根据造型，架构花艺可分为框式架构、巢式架构、并列式架构、柱式架构、支架式架构等，超大型的架构花艺作品往往需要团队力量合作。根据功能，架构花艺可分为简单架构和融合架构。前者仅起支撑固定的作用（看不到），不具观赏性。后者不仅起支撑固定的作用，还裸露在外，与鲜花、叶等植物素材融为一体，架构本身也极具观赏性。

（五）英式花艺

如果说欧洲是世界上园艺水平最高的地方，那么英国则是园艺文化最普及的国家。对英国人来说，最美好的一天莫过于手持花剪在自家的花园中度过。英式花艺的主要风格为：简约、清新、自然的田园风，端庄、经典、优雅的英伦风。英式花艺喜欢使用各式各样的时令花材，营造出自然、优雅的风格，尤其喜欢使用大量鲜艳的花材营造一种分量的磅礴感。英式花艺设计可分为传统花艺和现代花艺两种，前者以铁艺为架构，尽可能追求工艺的细致度，但选材严谨，即便是铁艺架构的手捧花设计，亦可轻而易举地拿在手中；后者则以花泥手捧为基础，将花材直接插入花泥中，提升设计速度和表现力，工艺相对弱化。

（六）泰式花艺

泰国是一个佛教国家，花不仅仅用来观赏，花艺多是围绕佛花、供花为主题风格，庄严又神秘，是东南亚花艺的极具特色的风格代表。传统泰式花艺以编制、串联、叠堆技法为主，用色明艳，花材种类丰富，作品大气。泰式花艺的创意发挥大致可分为三种类型。第一种称为"Rai"，意即用针、线将花串成各式各样的花环和花圈，如常用的混合茉莉、玫瑰的花环。第二种称为"ChatPhan"或称为盘式，其传统的花卉造型常是一座削圆的角锥形，如同莲花座，这是泰国花艺中最具有几何特点的一种形式。第三种称为"BaiSi"，即用香蕉叶巧妙地摺出不同造型，用在许多传统的宗教仪式中。

（七）韩式花艺

韩式花艺吸收了西式花艺和东方花艺的特质，更注重细节处理，干净利落，手工精致，手法上采用了多种风格，在线条、意境、色块、几何构图等方面都注重表现自然，时而清新淡雅，时而可爱俏皮，时而温馨低调、色彩明亮。韩式花艺最常用的花材有玫瑰、海芋、洋牡丹、米花、星芹、千日红、乒乓菊、绣球花、郁金香、洋桔梗、康乃馨、尤加利叶等。韩式花材搭配的形状多为不规则圆形，花材或高或低，凌乱而又有规律可循，呈现出一种自然的状态。

四、花器及材质

插花器皿是花艺设计的必需品。花器的种类很多，陶瓷、金属、玻璃、藤、竹、草编、化学树脂等。花器要根据设计的目的、用途、使用花材等进行合理选择。

（一）材质

1. 陶瓷花器

陶瓷花器在花型设计中最常见的道具，突出民族风情和各自的文化艺术。

2. 素烧陶器

在回归大自然的潮流中，素烧陶器有独特的魅力。它以自身的自然风味，使整个作品显得朴素典雅。

3. 金属花器

金属花器由铜、铁、银、锡等金属材质制成，给人以庄重、肃穆、敦厚、豪华的感觉，又能反映出不同历史时期的艺术发展状况。

4. 藤、竹、草编花器

这类花器形式多种多样，因为采用自然的植物素材，可以体现出原野风情，比较适宜自然情趣的造型。

5. 玻璃花器

玻璃花器的魅力在于它的透明感和闪耀的光泽。混有金属酸化物的彩色玻璃、表面绘有图案的器皿，能够很好地映衬出花的美丽。

6. 塑料花器

这类花器价格便宜，轻便且色彩丰富，造型多样。

（二）插花组合方式

1. 瓶式插花

瓶式插花又叫瓶花，是比较古老而普通的一种插花方式，人们剪取适时的花枝配上红果绿叶，插于花瓶内。这种插花由于花瓶瓶身高、瓶口小，因此，在插时不需要剑山和花泥，只需将花枝投入即可，日常生活插花多属此种。

2. 盆式插花

盆式插花又称盆花，即利用水盆插花，或利用其他类似于水盆的浅口器皿插花。由于容器较浅，需要借助花砧、泡沫、卵石等固定物才能完成作品。与瓶花相比，盆式插花盛花的难度较大，需先造型，再根据造型安插花枝和配叶。

3. 盆景式插花

盆景式插花是利用浅水盆创作的一种艺术插花形式，它利用盆景艺术的布局方法，使插花作品形似植物盆景。这种插花是利用插花树枝制作而成的。在制作时，可在水盆中放置一些山石等作为背景和点缀。

4. 盆艺插花

盆艺插花是将盆栽植物和鲜花花枝艺术组合在一起，进行室内布置的一种植物装饰艺术，所用盆栽一般是小型室内植物。以观叶植物为例，它本身虽适于室内观赏，但无色彩鲜艳的花果，鲜花鲜果枝搭配穿插于观叶植物盆栽中，可以使它的色彩艳丽起来。另外，一些姿态欠佳的室内盆栽用鲜艳的枝叶花果来配插，还可以使它们的姿态更加完美。

五、花艺设计

花艺设计是以空间为承载主题，以花卉造型为设计灵魂的美妙点缀，是色彩设计、立体构成、想法创意、灯光效果的结合运用，重点不仅仅停留在对花材的选择上，更多的则在于对结合器皿、配饰、道具等搭配运用，利用各种插花形式，创造与空间主题、情景、气氛相符合的花艺设计。

花艺在室内空间的布置中，首先要考虑空间的因素，然后才考虑颜色、造型、材质等方面。通常情况下，大空间的花艺装饰以垂直线来表现空间的三维立体感，而在空间有限的室内，水平的作品则最具功效。在色彩方面，搭配不同纯度、明度的花艺，能够让花艺作品呈现出多色彩、有张力的整体情境。花艺的摆放讲求环境色彩的和谐，在视觉上常常让人产生愉悦、热闹、生机勃勃的感觉。花的颜色一方面要考虑场所环境的要求；另一方面要考虑与空间内的其他物品颜色相和谐，体现整体美。例如，书房适合使用书帖字画作为装饰，而花艺最好选择淡雅的植物，色彩不宜过艳，最好是以绿叶为主的植物，如竹子、芦荟、仙人掌等，能够调节视力，给人以舒适的感觉。又如，客厅可以选择较为鲜艳、明亮的花卉，并且摆放在明显的位置，让人感觉到喜悦，也能体现出主人的热情，然而，搭配还需要配合客厅的格调，颜色搭配不和谐会起到相反作用，无法彰显出主人的品位。花艺还讲究均衡与稳定，比例要合适，作品的大小、长短、各个部分之间以及局部与整体的比例关系恰当。在插花时，首先要视作品摆放的环境大小来决定花型的大小，所谓"堂厅宜大，卧室宜小，因乎地也"。其次是花型大小要与所用的花器尺寸成比例。古有云：大率插花须要花与瓶称，令花稍高于瓶，假如瓶高一尺，花出瓶口一尺三四寸；假如瓶高六七寸，花出瓶口八九寸乃佳。忌太高，太高瓶易仆；忌太低，太低雅失趣。

装饰性和实用性是花艺装饰设计主要的功效，住宅空间、办公空间和商业空间的花艺装饰设计有着一定的联系，但不完全相同。住宅空间普遍花艺装饰设计较少，主题型花艺装饰几乎绝迹，如果进行花装饰设计切忌喧宾夺主，则装点型花艺风格应符合整体空间的氛围。办公空间对花艺的色彩和材质要求较高，严肃性的氛围应多使用纯叶绿植以及颜色不鲜明花材进行装饰，器皿风格也应统一。至于商业空间，可根据具体风格决定具体装饰，花艺装饰设计应多以实用性为主，还要突出其装饰性。

六、应用

（一）花艺的色彩搭配方法

1. 花材与花材之间的配色要和谐

一种色彩的花材，色彩较容易处理，只要用相宜的绿色材料相衬托即可；而涉及两三种花色则需对各色花材审慎处理，应注意色彩的重量感和体量感。色彩的重量感主要取决于明度，明度高者显得轻，明度低者显得重。正确运用色彩的重量感，可使色彩关系平衡和稳定。例如，在插花的上部用轻色，下部用重色，或是体积小的花体用重色，体积大的花体用轻色。

2. 花材与花器的配色可对比、可调和

花材与容器之间的色彩搭配主要从两方面进行：一是采用对比色组合，二是采用调和色组合。对比配色有明度对比、色相对比、冷暖对比等，可以增添居室的活力。运用调和色来处理花材与器皿的关系，能使人产生轻松、舒适感，方法是采用色相相同而深浅不同的颜色处理花与器的色彩关系，也可采用同类色和近似色。

（二）不同空间的花艺应用

1. 玄关

在玄关，花艺的主要摆放位置为鞋柜或玄关柜、几案上方，摆设高度应与人的水平视线等高。主要展示的应为花艺正面，建议采用扁平的造型形式。花艺和花器的颜色根据玄关风格选择协调即可。

2. 客厅

在客厅，花艺的风格以热烈、花团簇拥的视觉效果为宜。在茶几、边桌、电视柜等地方都可以用花艺做装饰。需要注意的是，客厅茶几上的花艺不宜过高。

3. 餐厅

在餐厅，花艺的色彩以暖色为主，能够提升食欲，气味宜淡雅或无香味，以免影响味觉。花艺高度不宜过高，不要超过对坐人的水平视线。在圆形餐桌上可以将花艺放在正中央；在长方形的餐桌上，花艺可以水平方向摆放。

4. 卧室

在卧室中，不宜摆放鲜花，如果实在需要，可在床头柜上摆放一束薰衣草干花，它具有安神、促进睡眠的效果，而且，花材色彩不宜过多，1～3 种即可。

5. 书房

书房适合摆放的花艺和卧室类似，不宜选择色彩过于艳丽，花型过于繁杂、硕大的花材，以免产生拥挤、压抑的感觉。在布置时，可以采用"点状装饰法"，即在适当的地方摆放精致、小巧的花艺装饰，起到点缀、强化的效果。

6. 厨卫

这两个空间通常面积都不会很大，花艺适合摆放在窗台、橱柜台面、面盆和浴缸台面等处。花艺摆放不宜太过高大，以免妨碍居住者的日常操作。花艺的色彩、造型宜与整体相协调。

第五节　饰品的选择与陈设

饰品是指可以起到修饰美化作用的物品，如在身体或物体的表面加一些附属的东西，使之更美观。饰品可以起到点缀和衬托的作用。饰品是软装的一部分，大多时候搭配的并不是一件物品，而是一种感觉。饰品能够更好地烘托家居氛围，如色彩素雅的陶瓷类饰品会让人感觉到幽静、古典，颜色鲜艳、造型夸张的饰品会让人品味到不一样的特立独行。饰品能够丰富室内空间。室内空间有着不同的风格，而家居饰品也是一样。风格不同的饰品的造型、色彩和材质都会不一样。饰品运用恰当，会让家居更具有层次感和空间感。饰品能够调节家居色彩，如果家居颜色单一，或者居住者想要根据季节变化或心情变化去更换家居的色调和感觉，就可以添加不同风格色调的饰品以赋予空间自己想要的韵味。

一、饰品的分类

（一）文化性饰品

软装设计中的文化性饰品是指那些通过造型设计、图案应用、材质选择等手段塑造的，有强烈文化内涵，能够表达一定时期或特定地域的带有浓厚特色的饰品。文化性饰品的陈设效果明显，在室内陈设中能够渲染浓厚的文化意味，增强室内空间的文化底蕴。文化性饰品包括图腾象征物、风水调和物、纪念品、艺术品等。例如，大红酸枝的圆形博古架是用来摆放古玩、玉器等小品的古雅设置，在彰显文化底蕴的同时富有实用价值。

（二）工艺性饰品

工艺性饰品注重装饰效果和制作工艺，造型、工艺、风格品种繁多，应用广泛，可以配合营造空间氛围、强化突出风格等。

二、饰品的材质

（一）瓷器

瓷器制品具有色彩艳丽、造型多样、价格适中（非收藏级别）、历久弥新的特点。其中，大尺寸瓷器可以用来装点大玄关、提升客厅的品位和档次感、彰显主人的身份和审美情趣；小型陶瓷可以摆放在多宝阁、桌面、墙面、隔板等位置，用于点缀家居环境，美化生活环境。

（二）陶器

陶器是一种物美价廉、质朴纯真的家居饰品，比较适合古典格调的装饰风格，也可以用于现代、时尚的装饰风格，形成混搭的效果，别有一番风味。

（三）铁艺

铁艺制品耐磨、耐用，不易破损，较易维护，图案纹样丰富。由于铁艺制品的风格和造型可以随意定制，所以应用广泛。铁艺饰品线条流畅简洁，注重古典与现代相结合，集功能性和装饰性于一体，可呈现出古典美和现代美，具有实用性和艺术性，可以打破传统单调的平面布局来丰富空间的层次，并与整个家居的设计相映成趣。

（四）玻璃制品

玻璃饰品在家居生活中非常常见，材质通透靓丽，种类齐全、造型多样。优质的玻璃制品不仅有装饰空间、美化环境的作用，还具有实用性。经过现代工艺烧制的玻璃花瓶形状不一，风格各异，有古朴典雅的，有飘逸流畅的，有凝重矜持的，都透露出各自的神韵。随着科学技术的发展和新工艺的不断涌现，玻璃的色彩有了大的突破，乳白色、紫红色和金黄色等相继登场，玻璃五彩纷呈，形成了梦幻般的效果。

（五）藤、草编制品

藤、草编制品造型美、重量轻，清新自然，优雅朴素。用点藤、草编制品装点空间可以提升空间宁静、素雅的感觉，但要注意清洁和保养藤、草编织品。藤艺饰品包括果篮、吊篮、花架和灯笼等。藤艺饰品的原料来自大自然，可以使使用者感受到清新自然、朴素优雅的田园氛围和浓郁的乡土文化气息，使家居充满宁静、自然和富有生命力的氛围。

（六）干花

干花饰品经过特殊工艺处理，似鲜花一样娇艳，而比鲜花更耐久、更好看。干花饰品的造型雅致、价格合理，有枝叶型、观花型、果实型、野草型和农作物型，经过脱水、干燥、染色和熏香等工艺处理，既保持了自然、美观的形态，又具有独特的造型、色彩和香味，洋溢着大自然的气息。

三、搭配原则及方式

软装饰陈设饰品款式多种多样，如铁艺、陶瓷、根雕、树脂、玻璃等，形成的视觉感也有不同，讲究色彩搭配、摆放组合和风水学说。精致的饰品及合理的摆放方式能够大幅提升空间品质感，烘托空间意境，体现空间品位。

（一）饰品规格

空间的大小和高度是确定饰品规格的依据。一般来说，摆放饰品的大小、高度和空间是呈正比的。

（二）风格要统一

饰品在风格上一定要注意统一，切忌既在这个地方选点，又在那个地方选点，不成系列，杂乱难看。设计师应先找出家居的大致的风格与色调，依照这个统一基调来布置就不容易出错。例如，对于简约的家居设计，具有设计感的饰品就很适合整个空间的个性；对于自然的乡村风格，就以自然风的家居饰品为主。

（三）色彩要和谐

饰品通常起到点缀的作用，因此，饰品的颜色一定要与整个空间的色系吻合，包括墙面颜色、家具颜色等。摆放点周围的色彩是确定饰品色彩的依据，常用的方法有两种，即一种配和谐色，另一种配对比色。与摆放点较为接近的颜色（同一色系的颜色）为和谐色，如红色配粉色、白色配灰色、黄色配橙色。与摆放点对比较强烈的颜色为对比色，如黑配白、蓝配黄、白配绿等。

（四）前小后大、层次分明

饰品的摆放，可以根据对称、和谐的理念来布局。旁边有大型家具时，排列的顺序应该由高到低陈列，以避免视觉上出现不协调感，或是保持两个饰品的重心一致，例如，将两个样式相同的灯具并列、两个色泽花样相同的抱枕并排，这样不但能制造和谐的韵律感，还能给人祥和温馨的感受。另外，摆放饰品时前小后大、层次分明，小件物品放在前排，能制造和谐的韵律感，这样一眼看去能突出每个饰品的特色，在视觉上就会感觉很舒服。

（五）光线组合

摆放位置的光线是确定饰品明暗度的依据。通常在光线好的摆放位置，摆放的饰品色彩可以暗一些；在光线暗的地方，摆放色彩明亮点的饰品。

第五章　室内软装设计与实训

一名合格的软装设计师不仅要了解多种多样的软装风格，还要具有一定的色彩美学修养，对品种繁多的软装饰品元素更是要了解其搭配法则。本章主要探讨室内软装设计与实训，从三个方面进行了阐述，分别是室内软装设计方案的设计、室内软装设计方案的施工和室内软装设计方案案例解析。

第一节 室内软装设计方案的设计

一、获取业主资料

（一）需求分析初期

在初步与客户沟通时，以开放式的提问为主，但是，要尽可能地搜集完整的信息，主要涉及以下几个方面：

1. 家庭结构和常住人口

第一，明确谁来使用，一般的家庭是三口或者四口之家，也就是夫妻二人带着一两个小孩子居住，这是家庭的常住人口。但是，有可能父母双亲、兄弟姐妹等亲人和好友会造访，这些是非常住人口，软装设计师同样需要考虑亲朋好友的临时居住需求。

第二，了解家庭结构未来是否会有变化，确定未来使用者的情况。

第三，明确谁是决策者，这一点非常重要。一般的家庭装饰以女主人的意见为主，但是，也有可能看起来说话不多的男主人才是决策者。在沟通的过程中，设计师需要仔细观察，这关系到方案的偏向以及确定需要重点说服谁。

第四，了解客户的经济收入、楼盘位置、硬装定位等，以便预判客户偏好。

2. 了解生活方式

生活方式是一个内容相当宽泛的概念，包括衣食住行、劳动工作、休息娱乐、社会交往、待人接物等，涉及物质生活和精神生活。一般情况下，生活方式可以拆解为四个部分：生活动线、生活习惯、文化追求、生活禁忌。我们可以从以下几个方面进行了解：

第一，客户性格的判断，观察决策者和影响决策者的人属于什么样的性格，便于在后期做方案汇报时进行有针对性的沟通。

第二，家庭成员的生活喜好。

第三，家庭成员的生活习惯，大概画出每位成员生活的动线，这样可以对客户家庭生活起居有具象的认识。

3.功能需求

对于一些主要住宅空间有什么样的功能配置需要，在初次沟通时，也可以采访客户，了解他的预期，主要涉及以下几个方面：

第一，门厅、玄关的家具布置需求：是否需要换鞋凳、玄关柜，是要嵌入式衣柜还是要独立步入式衣帽间。

第二，客厅的功能需求：除会客外，是否要结合书房、水吧台、茶台等功能。家具布置需求：沙发的类型，是否需要电视柜等。

第三，卧室的功能需求：除睡眠休息以外，是否有其他功能需要，比如看电视、看书、写作等。家具的要求：如床的尺寸，床头柜的尺寸，是否有储存护照、户口本等物件的需要。这些都会影响方案的选配。

第四，书房的功能需求：书房是以休闲为主还是以工作为主，如果以休闲为主，则可能要放置水吧台、电视、沙发等家具，而以工作为主则可能对桌椅有特别要求，这些都是设计师需要了解的信息。

4.兴趣空间

也许客户还有一些兴趣爱好需要得到空间的满足，如喜欢待客则需要大餐桌，喜欢饮酒则需要吧台、酒柜等。

5.家居调性

了解客户对于家居的调性是否有具体的期待，如对于氛围的偏好、对于色系的偏好，都会直接影响装饰效果和落地呈现。

要想设计出符合使用者心理预期，兼具使用功能、装饰效果的空间，了解使用者的需求是设计师在设计过程中非常重要的一个环节。

（二）高效科学地分析客户

要高效、科学地分析客户可以借助一些便利的工具。

1.一份问卷

客户需求问卷里面的内容非常全面，但是，它只是提醒设计师在与客户沟通时需要注意哪些问题，而不是直接让客户自己填，少了真实的语言互动，很容易遗漏客户隐性的需求，后期方案可能因无法切入要点而造成损失。

2. 正确的看图说话方式

大家都知道言语沟通容易产生理解上的分歧，所以，设计师和客户最好用图片沟通，但有些设计师通常是将所有风格的案例图片向客户介绍一遍，在客户还没反应过来时，就开始让他挑色系。这样的沟通结果是客户在茫然的情况下跟着设计师的节奏走，事后非常容易造成工作反复。建议设计师循序渐进地引导客户。

（1）元素特征

先从单一的家具开始让客户选择喜欢的款式，每一种家具款式都隐藏着它的审美取向，客户只需做简单选择，设计师就能从中提取到想要的信息。

单一家具的取向选择可能并不全面，所以，设计师可以扩大信息的提取范围，如墙上装饰、灯具、抱枕等。

在此过程中，客户会对自己的选择有更明确的了解，设计师也不必再费尽心力地解释。

综合以上单品的喜好以后，设计师要找出对应的整体空间图片，让客户进行选择并加以确定。

（2）色彩特征

在确定基本风格之后，设计师可以提供色彩组合给客户选择，注意不要只提供单一色彩，可以告诉客户在一组色彩中哪种是大面积运用的环境色，哪种是主题色，哪种是点缀色。

这是一种家居调性的测试方式，设计师可以从中总结出客户偏爱的类型，并且可以确定产品形式的大致方向。

（3）硬装设计效果图

硬装设计效果图是软装设计方案进行的重要依据，基本上是已经获得客户认可的最后装饰效果，也是理解业主和硬装设计师想法的重要依据。软装设计师需要做的是进行系统的优化和将项目切实地落实，但硬装设计效果图一般是根据固定图库模型制作的，因此，软装设计师可以在软装配饰上进行一些突破。

（4）硬装平面图及施工图

通过硬装平面图，设计师可以清晰地了解实际工地中的各方面信息，如空间动线规划和尺寸规划。施工图展示了每个空间的施工细节，特别是立面的结构造型、窗的高度、层高等，有利于在软装设计中，设计师对家具、灯具、装饰画及陈设摆件的尺度进行把握。

二、详细项目分析

在获得甲方项目基本信息后即进入项目详细分析阶段。这个阶段是整个软装设计至关重要的阶段，也是决定项目成功与否的关键。在软装公司里项目的来源包括业务量比较大的商业公共空间的日常维护软装，配合室内设计公司所做的软装设计，也有一些住宅业主的委托，还有一些房地产公司的直接委托等。对于不同的项目，设计师在具体的设计操作上会有所不同。

（一）私宅项目

私宅项目包括公寓、平层、复式、别墅等。私宅代表私人化，能展现居住者气质，反映居住者的兴趣爱好、阅历、品位。私宅的特点是不针对特定的人群、年龄、兴趣爱好以及生活习惯，不同客户的需求也各有不同。私宅项目在开展时，应从以下五点入手：

1. 了解客户软装需求

在项目正式开始时，设计师首先需要明确工作，把控主动权，积极为客户提供专业的空间解决方案。在具体工作过程中，设计师常会遇到如下问题：有些客户家中的家具、灯具基本到位成型，仅缺少一些窗帘布艺和装饰画、饰品等。这时就需要设计师考虑如下问题：目前项目中存在哪些主要问题需要马上解决？通过布艺和饰品的搭配设计之后，问题能否得到解决？整体效果能得到多大的改善？本着对客户、对项目负责的态度，设计师要大胆指出空间现有问题，并根据客户预算为其做合理的资金规划，凭借自身的专业技能实实在在地解决客户的问题，呈现空间的最终效果。

2. 沟通并初步确定风格意向

在开始设计方案前，设计师必须和客户进行有效沟通。

（1）沟通项目地址

当客户说出所在楼盘时，设计师要快速明确客户的基本人群定位，这里就需要设计师对当地所有楼盘有一个详细的了解，楼盘所在的商圈、售价、周边配套和消费水准都会直接显现出该客户的定位。

（2）沟通客户的空间需求

了解项目的面积、楼层、户型、朝向；了解客户是整体软装规划，还是部分产品需求规划。对一个空间进行了解是设计师进行设计的首要条件，户型面积限定了产品数量和尺寸，而楼层朝向决定了空间的光感，光感决定了空间的质感。

（3）沟通客户的功能需求

了解客户家中的常住人口、生活习惯、风格倾向、居住者喜好等方面，以便进行氛围的营造。在初步沟通完成之后，设计师需要进一步进行明确的意向风格定位。

部分客户在软装设计开始之前，已经做过功课，对风格有一定程度的了解，能够清楚地表达自己想要的风格，并对自己的居住环境有一个清晰的空间规划和设计计划。面对这类客户，设计师要快速捕捉需求，设计出符合客户期望的富于美感的空间。

还有一部分客户并不太清楚自己想要什么。此时，设计师就需要进行耐心的深入沟通。设计师可以搜集几套户型类似、风格不同的案例与客户进行探讨，或者请客户提供一些他们喜欢的案例图片，与之进行交流，通过这些图片，分析客户是喜欢整体调性，还是色彩感觉，或者是某件产品。当意向风格初步明确之后，在方案的实施当中，设计师就能够更明确地把握好方向。

其中，风格确定是软装方案的重中之重。如今很多设计大师都提倡去风格化，即风格模糊化。在理论上，这个观点并无不妥，风格本来就不应该被框死，但这里所探讨的风格是狭义的，是指具体表现手法和具体元素。从广义上来讲，风格是确定客户想要什么和不想要什么的一个判断标准，可以指导设计师直接、有效地开展后续工作。

3. 产品品牌成品或品牌定制化

私宅项目的产品由两部分组成，品牌成品或者品牌定制化，主要体现在家具和灯具上。在深化方案前，设计师应对客户的大致预算有所了解或估算，再根据客户的整体预算来规划是全房品牌成品、部分品牌产品＋部分定制产品或者全房品牌定制，这三种落地方式都有其各自的优缺点。

（1）全房品牌成品

优点：在品质上能得到很好的保障，可提供完善的产品售后服务。

缺点：设计感难免单一，可以通过其他产品的搭配，使空间尽量丰满并具备美感。适合人群：预算充裕且注重品质的客户，一般为别墅、豪宅的居住者。

（2）部分品牌产品＋部分定制产品

优点：能弥补全房品牌成品设计单一的不足。

缺点：正品品牌和定制品牌在一个空间内，难免出现材质、工艺、色彩上的差异。适合人群：追求品牌品质而预算有限的客户，一般为大平层的居住者。

（3）全房品牌定制

优点：可以在同一风格内最大限度地选择产品来进行搭配设计。

缺点：因是定制，小厂家的工艺、人员、设备不一定能很好地达到品质要求，大厂家价格略高、工期较长。适合人群：追求品牌品质而预算有限的客户，一般为精装平层的居住者。

4. 色彩倾向与材质选择

（1）色彩倾向的选定

色彩决定了空间氛围，或是宁静温馨，或是浪漫热情，或是优雅高贵。色彩主要通过家具面料、装饰画内容、窗帘、抱枕、地毯来表现。客户通常无法像设计师一样用准确的词汇描述自己喜欢的颜色或不喜欢的颜色，但会对设计师给出的色彩建议表达自己的认可程度。在具体沟通时，应当询问客户喜欢空间呈现出什么样的感觉，是田园生活，还是极简灰色调，或是商务中性色调等，这样就能很快地通过标签词找准色彩方向，营造独属于私宅项目主人气质的空间氛围。

（2）家具材质最好一站式选定

软装产品的材质决定了软装产品的价格。品牌定制家具的每一款产品都是不断打磨改进的结果，在品质上较有保障。但是，整个户型的家具不容易在同一品牌中采购齐全，需要下单到多个厂家。不同厂家、不同批次生产的木饰面、油漆、金属颜色常会存在差异，需要有丰富经验的软装设计师来把控整个项目，此时，定制家具的优势就凸显出来了。

在同一家工厂定制所有产品时，应尽量保证家具油漆、木饰面、金属颜色等的一致性。特别是在同一个空间，应避免同种材质出现多种色差。另外，在选择定制工厂时，设计师需要认真考察，最终确定一家靠谱的合作方。

5. 配饰氛围

配饰体现在装饰画、摆件、饰品和花艺上。私宅项目的客户一般在选择装饰画之后会忽略配饰部分，认为配饰浪费钱且不实用。但是如果没有配饰的点缀，那么整体空间会显得缺乏氛围感和生动感，同时，空间美感也会大打折扣，所以，在做方案时应选择尽量少而精的配饰。寥寥几件搭配得宜的配饰就能起到画龙点睛的作用，使整个空间饱满灵动起来。

另外，在客户经济条件允许的情况下，挂件和摆件尽量选用艺术家原创作品。如果客户家中有孩子，那么在充满艺术气息的家居环境中成长，对孩子审美品位的形成起到熏陶的作用。美是一个很难定义的概念，通过艺术品在空间的布局让孩子在艺术的氛围中成长，这种艺术感染力将令孩子终身受益。

（二）精装房

精装房占比呈直线性增加，体现整体软装的重要性，这对于软装设计师这一职业的发展起到巨大的推动作用。精装房的优势是省时、省力、省钱，当消费者不用再考虑水、电、泥、木、油漆等各种硬装设施时，就会把更多心思和资金投入在整体软装设计中。在整体硬装相同的空间中，只有通过软装设计才能构成独一无二的居住环境。

1. 精装房软装设计步骤

楼盘项目定位决定了精装程度的不同。地段较好、价位较高的楼盘精装基本框定了空间调性，从吊顶造型、背景墙造型、地面瓷砖拼花，甚至到墙纸、灯具的选择都已经设计完成。在此种情况下，进行大刀阔斧的修改并不现实，所以，常用软装来营造舒适的氛围。

（1）对空间以及硬装格调进行分析

对空间以及硬装格调进行分析包括分析木饰面的颜色（白色系、原木系、红色系、咖色系等）、吊顶造型（简单吊顶、边线吊顶、石膏线等）、地面瓷砖（拼花、色系、波打线造型等）、墙纸（图案、色彩、内容等）、硬包或软包（造型、材质等）及其他已有空间硬装，然后根据分析结果确定恰当的风格。

①木饰面色彩

白色系：饰面多为水洗白橡木、白蜡木或油漆喷涂上色，常出现在现代简约及复古等空间中。

木色系：饰面多为白橡木、白杨木或油漆喷涂上色，常出现在北欧、日式、禅意中式等空间中。

红色系：饰面多为红花梨、红酸枝、红樱桃等，或油漆喷涂上色，常出现在传统中式、美式等空间中。

咖色系：饰面多为胡桃木、上色水曲柳等，常出现在现代、新中式、简美等空间中。

②吊顶造型

简单吊顶：吊顶面通常为一层级或直接裸顶刷白，常出现在现代、简约、轻奢等空间中。

边线吊顶：吊顶面通常为两层级或两层级以上，吊顶沿边圈有边线条，多为金色、黑色、木线条、石膏线条等，常出现在新中式、现代、简欧、美式等空间中。

石膏线吊顶：在吊顶沿边一圈以石膏线条作为装饰，常出现在法式、欧式、混搭、简美等空间中。

③地面瓷砖

拼花瓷砖：根据拼花的造型和色彩使用在不同空间中。

浅色瓷砖：根据整体硬装调性使用在不同空间中。

深色瓷砖：根据整体硬装调性使用在不同空间中。

瓷砖波打线：根据波打线的花色和样式使用在不同空间中。

④墙纸

图案墙纸：根据墙纸图案分析硬装风格调性，如图例中的棕榈叶墙纸充满热带气息，给人自然、清凉的舒适感。

色彩墙纸：多指素色墙纸，或以色彩为主带有简单纹路的墙纸，根据色彩、肌理和材质用在不同空间中。

内容墙纸：有明确的图案指向性或主题内容的墙纸，根据画面内容用在不同的空间中。

⑤硬包或软包

硬包：根据硬包的面料色彩和材质质地，也根据镶嵌的线条颜色和图案形式进行硬装空间分析。

软包：根据软包的面料色彩和材质质地，也根据拼贴的形状和图案形式进行硬装空间分析。

（2）根据分析结果定位恰当的风格

并非所有的客户都会接受设计师经过专业分析之后得出的风格。此时，设计师应与客户进行充分沟通，认真听取客户的想法，尊重客户的生活习惯，并给出基于客户想法的更专业的意见。

2. 解决居住者功能使用问题

精装房的居住群体也是私宅客户，但两者之间存在差异，这些差异体现在项目空间里。由于精装房的空间功能区域标准统一化，布局和动线都受到了一定限制，因此，在做软装设计时，设计师不应仅围绕视觉美出发，而应该实实在在解决居住者的功能使用问题。否则，所有的软装设计都只能称为软装装饰。

（1）结合使用功能，分析空间设计的合理性

首先是进门门口开关的高度、距离是否便于使用；开关处有无遮挡，是否需要移位；鞋柜的距离以及鞋柜的功能划分，需考虑换鞋凳、钥匙、包包、雨伞等的放置点；然后是客厅、卧室的光线，还有空调孔、插座的数量、高度、距离；再接着是厨房、卫生间、阳台的排水、管道设计；最后是柜体、挂钩、五金等。通过观察这些原有设计内容，可以知道精装房的设计使用是否合理，软装设计师

需要在整体软装进场前发现问题，并给出合理的解决方案。

（2）结合业主需求，分析平面格局以及功能是否满足业主个性化需求

例如，在一个五口之家中，餐厅的实际大小却只能容纳 4 把餐椅，此时就需要把备用的餐边柜割舍；还会出现业主愿意尝试 3+2+1 的坐具搭配，却可能因为开间较窄换成"L"形沙发的情况。

动区包括客厅、餐厅、厨房、阳台等，静区包括书房、卧室等。设计师需要观察动线有无不顺畅、动静分区是否混乱。例如，卧室被设计在厨房隔壁，书房被搬到了客厅；或者符合常理的厨房动线是取→洗→备→切→炒，但却因为管道、设计或线路等原因，其动线次序完全被打乱。

（3）了解业主生活方式，确定软装设计方向

在进行软装设计前，设计师需要结合业主的生活方式来定位设计方向。

案例 1：针对喜爱阅读的居住者，应尽可能将阅读区设置在静区，再配上舒适、适合久坐的书椅或休闲沙发。窗帘应选择两层的款式，一是考虑光线，二是隔音；最好搭配地毯，产生更加宁静的感觉；擅用点缀光源，可以用落地灯或台灯来营造静谧的适合阅读的氛围。

案例 2：针对女性居住者，使用梳妆台的要布置在能够接受自然光源的区域，梳妆凳适宜选择没有扶手的，便于在使用之后收进梳妆台下。考虑到打理发型的需要，应预留插座。另外，镜前的光源以暖光偏白（4000～4500 开）为宜。

案例 3：针对儿童，娱乐区家具的选择以圆形、弧形的为主，表面材质要柔软；玩具不能选择过于碎小的，以免儿童不慎吞服；为避免磕碰，还可在瓷砖地面铺上爬爬垫或定制墙面软包。

（三）样板间与售楼部

样板间和售楼部同属于房地产商业空间，是为了刺激消费者的购买欲而设置的。此类项目需要多角度考虑项目的综合情况，再加上消费者的购买行为和心理行为因素来进行软装设计。

1. 样板间和售楼部的项目分析

项目分析即对接手项目的背景、现状、人文环境、定位进行有针对性的分析，

以软装装饰作为手段得到的设计结果。样板房和售楼部不同于私宅客户，没有直接的个人喜好（如很强烈的不喜欢某种颜色、不喜欢抽象或非抽象人物装饰画），注意力更多地转向满足大众审美、提升大众审美，满足看房者对家的憧憬，营造尊贵、高品质、愉悦、视觉感良好的空间环境。

项目背景分析是指对项目所在地、实际面积、建筑风格、周边环境等方面进行分析。项目现状分析是指地产商对项目的实际需求、项目目前存在问题等情况进行分析。人文环境是指对当地文化特色进行分析和元素提取。定位是指地产商对项目的价格、消费、人群进行定位。

项目分析实例一：

项目地：三线城市，项目周边楼市均价为 1.3 万元 / ㎡。因此得出，开发商在沟通初期中追求"高大上"的诉求只是幌子。说到预算，软装项目单价很难超过 3000 元 / 平方米，很多情况下，合理范围 2500 元 / 平方米（含税金）才是甲方的心理成交价。

项目分析实例二：

项目地：沿海三线城市，项目周边楼盘均价为 3 万元 / 平方米，查询城市规划方案，在附近 20 千米处有高铁站，还有大型商场待建，附近有医院、学校，未来会有更好的学校建设于此等。通过城市规划可以得到很多信息，由此可以预估此盘涨幅较快，最终分析购买人群的类型，通过具体的用户画像来定位设计细节。

详细分析如下：通过以上分析得出未来业主为改善型购房或者投资客，人群的年龄层通常为 33～45 岁。这对于设计的意义可以归纳为：城市稳定型精英阶层，在户型布局上展示功能和时代性，传达品质与高审美的家居生活理念，这样的设计才能匹配购买者。并且，根据开发商楼价和用户群体画像，预判开发商软装项目成交单价为 3000～4000 元 / 平方米。

2. 样板间和售楼部的软装设计差异

样板间体现家的梦想与美好，售楼中心则体现该楼盘定位、开发商的品位、物业的服务级别等。样板间是里子，售楼中心是脸面，也是整个楼盘的形象。样板间和售楼部的相同之处是根据地产商的需求，围绕项目开展的美化和装饰性的商业行为，但具体深入到软装环节，两者存在较大的差异。

（1）样板间软装设计

样板间的软装设计也叫软装企划，有明显的风格主题、色彩搭配、人物模拟生活场景等，以展示促销为目的，侧重第一眼视觉效果，透过样板房让购房者感受到一种良好的居家氛围、一种使人倍感舒适的生活方式。通过置业顾问对生活场景进行详细、有条理的解说，参观者易于沉浸在当下的环境中，身临其境地感受丰富、有层次的空间环境，并能臆想诗意的未来生活。

大部分样板间的软装设计在地产商确定硬装和基本格调之后进行。软装设计师根据地产商提供的硬装效果图及施工图进行软装方案深化以及产品落地的实际操作。在格调保持基本不变的情况下，软装设计通过专业技术，利用色彩、元素和配饰，把空间氛围场景营造得更为层次丰富，在视觉心理上达到地产商期望的销售目的。

样板间的家具、灯具、地毯、装饰画等产品多以定制为主。在深化方案确认完成之后，设计师需要对现场进行细致的测量拍照，并将软装报价清单发至厂家询价。清单内容含区域、图片、数量、材质、尺寸比例等方面，根据厂家提供的面料、油漆色板、五金配件等进行选样。

在样板间产品进行定制时，尤其需要注意的是家具和灯具的尺寸比例把控和色板选择。为了使样板空间视觉上看上去大气、舒适，往往需要将家具产品进行一定比例的缩小，同时放大地毯比例。样板间的饰品根据整体格局和生活场景来搭配采买，饰品选择上注重精致、美观，在预算充裕的情况下，可多用饰品充满空间。

（2）售楼部的软装设计

售楼部软装设计的着重点以促进销售为主，设计方案需结合当地人文环境、项目背景、楼盘定位展开，营造的是视觉感饱满、定位精准，同时兼具人文气质的空间氛围。

售楼部的软装旨在提升大众的视觉感受和心理预期，并且销售动线清晰、设计主题明确、色彩层次柔和不张扬；在产品上，家具款型简单、大方、经典，讲究舒适、比例协调；氛围灯光以大气、设计感强的沙盘灯为主，局部加上壁灯、地灯、台灯，丰富空间光源层次；布艺多用稍显档次的绒面、缎面；饰品摆件少而精，尽量摒弃零散、细碎，色彩保持连贯性，符合风格和人文背景环境。

　　作为商业空间，售楼部的销售动线在空间设计中极为重要。销售动线即让顾客从进入售楼部开始便自行或被引导着根据无形的客流线走，使顾客能充分对楼盘进行了解，促成购买行为。而软装设计也将根据动线的规划做主次设计，在主要的空间，如接待区、沙盘区、深度洽谈区着重进行软装氛围的营造。为了让顾客停留的时间更为长久，水吧的配备、沙发的坐感、灯光的美观舒适等都是软装要进行深度考虑的地方。总而言之，售楼部的软装设计就是一次客户对楼盘的体验旅程，这种体验感越好，成交的概率越大。

（四）办公空间

　　随着大众审美水平的提高，年轻一代个性的释放让办公空间有了更自由、多元化的表现，千篇一律格局的办公室已经逐渐被淘汰。不同行业的办公群体对空间也有不同的需求。人们加班的时间越来越长，这也意味办公空间更多地向人性化靠近，而不再单一的只是作为工作场所而存在。

　　在进行办公空间的软装设计时，首先需要考虑公司的行业属性和文化背景，再结合空间的整体统一性进行色彩、产品的搭配，在有限的空间内，打造现代上班族除住宅以外的另一个主要活动场所。另外，不同的办公空间类型决定了软装设计的走向。通常来说，办公空间大体分为两种，即常规型和创意型，还有一种是属于共享办公范畴的办公空间。

　　1.常规型办公空间软装设计

　　常规型办公空间有大、小之分。小型办公空间基本由办公区、会议区、走廊、VIP室、休闲区、水吧区、私密办公室等几大区域组成；大型办公室会根据需求增加阅读区、健身区等公共区域。

　　办公空间属于共同使用空间，在软装设计上除了考虑企业文化需求外，应尽量保持简洁、明亮、大气的调性。另外，常规型办公空间以家具产品为主体，家具选择简单、大方、实用的经典款式，色彩可根据需求进行搭配；灯具在办公区以照明实用为主，在其他区域可根据整体设计进行考虑；布艺选择不宜过于花哨，装饰画和饰品、花艺绿植尽可能少选择，为增添氛围适当点缀即可。

2. 创意型办公空间软装设计

创意型办公空间软装设计要突出创意，注重灵活舒适办公，不局限于风格和场所。这种办公空间大多针对创意型、文化型公司，能有效激发员工的灵感和创作热情。异形、色彩丰富的家具活动调度性大，个性十足的灯具除了照明之外还具备强烈的装饰感，独特而有冲击力的墙面装饰能够为员工带来满满的活力，精致的饰品摆件、艺术品陈设也能成为创意的灵感源泉。

3. 共享办公空间软装设计

共享办公空间通常有很多小型的公司集中在一起办公，或者独立个人在办公，共用会议室、水吧区、洽谈区、打印区，共享办公资源与客户资源。因此，对于此类设计，要么设计得大胆前卫，要么设计得中规中矩。

（五）商业空间

商业空间是主要从事商业活动的空间形态，是满足消费者消费、视觉、心理、精神需要的空间场所。商业空间的对象种类较多，根据不同空间的针对性、目的性、活动形态的不同，软装设计的需求也大为不同，但万变不离其宗，看似种类繁多的商业空间在软装需求本质上有着许多相同的诉求。

商业空间常见类型有如下几种：

第一，以交流展示为主：体验空间、展馆等。

第二，以消费娱乐为主：购物中心、娱乐厅、酒吧、KTV 等。

第三，以基本需求为主：餐厅、酒店、专卖店等。

第四，其他商业空间：影院、水疗、健身房、卖场、美容院等。

1. 软装设计一切皆为用户考虑

商业空间的软装设计讲求实用性，即空间属性，需要先满足消费者的功能需求，如餐厅的软装设计，餐桌尺寸、餐椅高度、光源的亮度、餐具的长短和大小等都是需要设计师去细细考究的实用需求。酒店也是如此，从休闲区的家具尺寸、舒适感、款式，到客房的睡床大小、床垫的软硬程度，材质的匹配度，光源的照明、色温，窗帘的厚度、款式等都属于软装设计的实用范畴。

2. 软装设计应符合商业审美

基于互联网的普及、国际视野的开拓，年轻一代的审美水平普遍有了显著提高。当然，这也少不了设计师身体力行（品牌美学、版式设计、服装潮流、影视场景、生活艺术）的推广和应用。在商业空间设计里，美学成了必不可少的要素。在现代，对于商业空间而言，审美力就意味着商业竞争力。

所谓商业审美，就是利用专业技法，思考商业功能、定位和目的，将物、光、色有机地展现在同一空间中，以下几点缺一不可：总体视觉舒服、有艺术感、光源氛围营造饱满、色彩搭配得当。

3. 软装设计应尊重地域文化性

地域文化经过长期的沉淀自成特色，国家、种族、地区不同，各自的宗教信仰、喜好禁忌、风土人情、文化历史也就不同。在商业空间设计里，地域文化因素在软装设计中显得尤为重要。在开展项目时，设计师应该遵循商业空间的实用性和商业审美标准，在这两个基础上进行地域文化深挖，将最具当地特点的元素进行提取、分析并加以提炼，形成具备当地历史特色的表现形式。地域文化具体到软装的表现手法上，主要通过材质、色彩、符号等进行表现。

4. 商业空间的软装设计逻辑

一切商业行为的目的都是提高成交率并盈利。因此，商业空间的软装设计的出发点应简单、明确，即如何吸引客户进店，在客户进店后动线如何设计引导客户逛完全店，如何停留，如何激发客户浏览商品的欲望，从而进行产品购买。

实例一：在售卖女性小首饰的店铺，当客人有兴趣并试戴一款耳环时，发现需要挪步才能走到镜子前，而且货柜有些阻碍，不太方便走动，很容易导致客人放下手中的耳环，离店而去。如果在设计之初，在摆放首饰的陈列柜上按人体比例安装一面镜子，那么，客人拿起耳环时，直接就可以在镜子中看到佩戴效果，降低了试戴门槛，从而提高了购买率。

实例二：在服装店铺重点陈列的服装旁边必定配有包包、鞋子等配套商品。此时的软装设计思维逻辑是如何让主商品产生连带作用，带动配套商品的销售。因此，商业空间的软装设计是基于人的行为习惯、人的动线习惯与人的消费心理来进行反向引导的设计。

5.商业空间的软装设计应具有时效性

商业空间的软装并不像家庭空间、样板房一样一成不变，商业空间软装设计需要跟随商品季节性出新而变化。设计师需要提前做好软装设计规划，定期进行软装道具的更换与布置。例如，蛋糕店会在情人节期间悬挂与爱情相关的装饰物，用以凸显节日氛围。

不同商业空间的软装诉求细分如下：

（1）餐饮行业或快餐店

目的是提高翻台率，且餐饮空间需要用醒目的入口处设计吸引顾客进店。不同类型的餐饮店，根据不同的用户群体来定位风格，正餐店铺通常比较沉稳，奶茶店铺通常比较小清新。不同地域风味的餐饮，根据自身特色确定色彩、风格、文化定位。

（2）清吧

目的是留住顾客，希望顾客停留的时间长一些。

（3）理发店

通过设计，让消费者站在门口就觉得这是一家可以信任的发型店。

（4）眼镜店

需要进行专业、可信赖、显时尚的软装设计。

（5）茶馆

需要展现中国传统的茶文化。

（6）快时尚服装店

需要展现时尚、货多、款多、可选择范围大、便宜的特点。

（7）高端服装店

需要表现尊贵、高品质、轻松的氛围，吸引消费者进店。

（8）便利店

设计时更多地考虑人的行为习惯，多角度铺货。

（9）超市

主推商品需要制造小氛围场景刺激购买。

（六）文创空间

在众多商业空间的类别里，之所以把文创空间单独列出来，是因为不管个人还是行业，或是社会都需要进步，一切进步都离不开创新。

"文创"的字面意思是指文化与创新的意识。艺术的创新经过了几十个世纪，从古希腊、古埃及到古典主义，从印象主义、立体主义到现代主义，每一次的创新都推动了艺术的浪潮往前一步，而软装设计作为美学艺术行业更应如此。

文创空间的软装设计最重要的就是"文创"二字。要想不同于其他空间，走在设计前沿，就要从固有、守旧、常规的模仿中跳脱出来，进行质地、产品、款式、图案样式等的创新。当然，创造新事物有一个前提：需要对专业知识和相关产品十分熟悉以及对行业趋势走向有敏锐的洞察力。实际上，在一个创意空间中，设计并没有标准答案，而拥有创新思维意识比懂得设计方法更重要。

三、软装方案制作

（一）概念灵感提取

在进入软装概念设计方案这个阶段时，不少设计师探讨过这个话题"软装概念方案是否有必要？"，实际上，认真的创作不可避免会涉及概念分析。一个成熟的设计师在作方案之前，会有一个明确的主导思想，要达到什么效果，体现什么风格，突出什么元素特征等，然后再将概念思路进行概括、浓缩、总结，并将思考结果理性、美观地表达出来。

1. 软装概念方案灵感提取的方式

可以通过两种方式进行概念方案灵感的提取：由点到线再到面，或者将点线面反置，也就是从面到线再到点，这是比较常用的手法。其中，"面"是指项目的风格定位。"线"则需要软装设计师通过经验以及视角去寻找各种"线"索，对风格氛围加以强化，常见的线索有色彩线、主题线、手法线和元素线。"点"是指对风格的深入细节考究，进行材质、纹样、器物、款式、质地等的分析选择。经过这一系列的提取过程，概念方案的大体方向就有了。

2. 软装概念方案灵感提取的步骤

（1）提取软装概念关键词

根据想要营造的空间氛围，列举出几个空间期望结果的关键元素或风格词。例如，现代类风格：时尚、精致、品质、极简、设计感、大气、黑白灰、明亮、简约等。后现代类风格：个性、异域、缤纷、摩登、色彩、温暖、清新、梦幻等。古典类风格：典雅、浪漫、古朴、复古、稳重、华贵等。自然类风格：原始、丛林、森系、田园、自然、记忆感等。

（2）根据概念关键词选择对应表达的图片

以现代类风格为例，根据不同的客户喜好，可以对该风格再次进行精细划分，如延展出现代简约、现代时尚、现代优雅等不同风格。这些风格对应的概念图片也有所不同，要根据概念关键词选择对应表达的图片。

（3）从色彩库提取色彩组合

选取好适合的概念图，并依据图片传达出的气质，在色彩库中提取若干适宜的色彩组合。需要注意的是，在形成方案时应注意色彩的配比原则。

（4）从关键词中任意提取词汇与色彩串联

从关键词中提取三个词汇匹配概念图，并与色彩串联，经过关键元素、风格与色彩的组成，空间的气质基本形成。

3. 软装概念灵感来源

通过对关键元素、风格词进行解析，围绕风格进行总结，以合适、精美的图片展示，即构成了软装概念来源。软装方案中的概念和灵感一般都有出处。例如，品质、优雅、浪漫的现代复古风格，品质来自产品的精湛工艺，优雅来自一幅摄影作品或者某件家具款式的造型，浪漫来自轻柔的产品材质质地等。在做设计方案时，软装创意的灵感可以从时装、摄影、动物、影视作品、自然、名画中加以提取。

（1）时装

把引领潮流的时装色彩、纹样、材质、图案等作为软装概念方案中的灵感来源，可以令软装与时尚接轨，更加吸引眼球。

（2）摄影

通过对风光摄影的构图、光线、影调、色彩进行设计灵感提取，学习摄影的设计构图与配色。

（3）动物

自然界赋予了动物斑斓的色彩和不同的体型，将其运用在软装设计中，可以产生灵动的效果。一些动物还带有着美好的寓意与象征，可以借鉴到设计主题之中。

（4）影视作品

优秀影视作品本身就是软装大师，其配色的运用不仅具有强烈的美感，还具有一定的象征意义。另外，一些影视作品中的人物妆发、服饰以及道具，都是软装设计师作为概念方案的好参照。

（5）自然

红绿喧闹的田野、五彩斑斓的山峦、金黄的沙滩，大自然中的万物都有着美丽动人的色彩，把这些原生态的色彩运用到软装概念设计方案中，可以令都市中的人领略大自然的风采。

（6）名画

在人类文明发展的历史长河中，出现了种类繁多、艺术成就极高的绘画作品。创作这些作品的艺术家是色彩、构图和元素选用的审美先行者，从艺术家的绘画作品中提取软装概念方案的灵感，可以把或唯美或静谧的画中场景应用到家居空间中，从而带来美的享受。

4. 软装概念的延展

软装概念方案的提取过程应围绕主题尽可能拓宽思路、往外延伸，同时大量收集相关信息及文字、图片内容，再结合美观性与逻辑性进行综合提炼，最后概括、总结表达出中心思想。

（1）通过象征寓意进行延展

借用某个具体事物或词汇来表达某种思想、特殊意义的艺术手法，如红色象征喜庆、鸽子象征和平等。

（2）通过图片内容提取要点进行延展

可以从图片中的颜色、元素、图案、纹样等方面入手，再将提取的要点体现在设计方案或方案中的各类产品上。

（二）软装概念设计方案

1.软装概念方案的呈现方式

软装概念设计方案一般用 PPT 文档图文并茂地表现，PPT 页面设置选择横向，使方案视觉上大气、稳定，尺寸可设置为 16cm×9cm 或 A3 版面，尺寸过大 PPT 文档容易卡顿。

（1）方案图片应精选

软装概念方案的图片选取应精致、美观、高清，并且能够表达主题，其中，图片风格与设计主题保持一致非常关键，因为设计主题是整个软装概念方案的核心。

（2）方案文字少而精

软装概念方案中的文字使用要少而精，一个方案中尽可能不要出现超过 3 种字体，否则版面会显得杂乱无章，但可以通过改变字号和色彩，突出重点信息并产生对比。

（3）方案排版应整洁

软装概念方案的排版方式有很多种，常用的排版方式可归纳为三种：中轴式排版、满幅排版、上下结构排版。

2.软装概念方案的组成部分

软装概念方案因设计公司和项目的不同而有所差异，其制作手法和方式也存在差异化体现，但大体上由基础部分、项目部分和设计部分三大块组成。

（1）封面

封面形式比较多样，多以呈现方案为主。需要明确以下内容：即项目名称、风格定位、落款（日期）。整个版面的设计内容与设计主题及风格应保持一致，让客户第一眼就能清晰地感受到整体方案的调性与方向。

（2）目录

目录是对整个 PPT 的内容索引，根据展示的内容页面进行名称的概括，应有清晰的逻辑顺序。在版面设计上，可以图文并茂或者只有文字，配图时需要分清主次，以目录索引的文字为重，版面上应干净、整洁、有序。

（3）项目信息

项目信息是为空间使用者提供真正量身定制的空间软装解决方案的依据，应清晰地描述项目状况、家庭成员、爱好需求等方面，并与客户进行项目信息确认。设计方向则是基于之前与客户初步沟通所倾向的风格和调性定位。

（4）项目定位

对空间进行调性定位。通过与客户的初步沟通、现场了解、资金规划、需求信息等为空间设定一个更精准的基调，以及未来空间所呈现出的最终气质形态。

（5）设计说明

设计说明分为设计主题和设计思路两部分。设计主题是为整个项目的气质命名，为项目起一个符合整体设计思路的名字，也是设计师对空间美好生活的阐述。另外，设计说明的文字部分应做到言简意赅、文辞优美，且具备一定的思想性与故事性。

（6）色彩定位

在日常生活中，色彩是人的第一视觉印象。一套好的软装设计作品肯定离不开配色的使用。在软装设计中，色彩的使用配比原则是 6：3：1，60% 的主色调，30% 的辅助色，10% 的点缀色。在遵循色彩配比的原则下，基本不会出错。邻近色配比的空间具有稳定性和平和性，互补色配比的空间更具活力感。

（7）材质分析

通过对软装提案中所用的材料分析，使客户了解软装产品的颜色、材质质感、肌理在空间中呈现的气质，其表现形式主要为材料小样和布版设计等。

（8）平面布置方案

平面布置方案涵盖楼层、自然光、动线、尺寸和预算把控等方面。楼层决定了室内自然采光，影响着设计师匹配光源的大小、冷暖；平面动线和尺寸决定布局是否合理。一个优秀的软装设计师应对原平面布局进行优化，使空间与产品的尺寸利用更恰当。在预算把控上，重点软装区域和次要软装区域决定了空间区域预算投入的配比，在主要的区域做软装重点投入，而次重要或者不重要的区域则少投入或者不投入。

（9）空间软装概念表现

在项目有效果图的情况下，挑选一张与效果图氛围相近的场景图，配以能够体现设计理念的彩色氛围图，再加上1～2张软装产品单品图（有效果的项目，表示经过硬装设计师设计之后，项目的基本风格与调性已被客户接受）。如果项目没有效果图，则软装概念方案的整体调性可延续设计理念的方向。

（10）封底

完整的概念方案应该是有头有尾的，封底的呈现要尽量与封面前后呼应、保持一致，编排上同样以简洁、大气为主。封底内容不需要过多，表示方案汇报完毕和感谢即可。另外，为了使客户对公司有更深的印象，封底页面需要加上公司的logo（标志）。

3. 软装概念方案汇报

软装概念方案汇报是将方案和理念让客户认可并买单的沟通过程。汇报、对话、谈判、演讲都是沟通的形式，方案汇报讲究信息一次性表达到位，需要合理地组织和安排，有头有尾、有主有次。每个软装设计师都应该有一种信念："不能让自己和团队辛苦做出的概念方案变成一堆漂亮的废纸。"因此，学习如何进行软装概念方案的汇报，并将这种能力运用到工作当中，对于设计师来说是十分重要且必要的。

（1）软装概念方案汇报要求

控制时长和语速：根据项目的大小，汇报时间通常控制在15～30分钟，最长不宜超过45分钟，也可以根据现场领导级别来决定时长，级别越高，汇报就越要控制时长，也要突出重点。另外，要控制语速，注意汇报的节奏，还要与客户进行互动。

突出逻辑性：软装概念方案的逻辑性就是把完整的PPT形成一个明确的整体

结构，以语言描述的方式生动、清晰地讲述出来。逻辑流程是：概括→提诉求→理念→规划→单独空间设计。

（2）软装概念方案汇报结束的沟通

意见记录：倾听及记录客户提出来的意见，写出修改方向。

答疑补充：对客户提出的意见给出积极的回应与沟通，消除客户疑虑。推动进度：对方案汇报及客户意见作简短总结，介绍设计流程，约定下次汇报时间，持续推动进度。

（三）软装深化设计方案

软装深化方案是软装概念方案的进一步延伸，当软装概念方案的方向与客户达成一致后，即可对原有概念方案进行深化设计。

1. 软装深化设计方案的内容

软装深化方案以 PPT 形式呈现，要会将每个空间里的单独产品组合在一个页面，进行软装的整体搭配。从深化方案 PPT 里可以直观地看到每个产品的材质、色彩和产品组合在一个空间里的状态和整体软装配饰的效果。

2. 软装产品深化方案的制作

软装产品深化即是将所有采购产品品类在平面图纸上进行索引指向。同时，平面图纸上需要列出每项家具产品的物料，写有细致的材料描述；窗帘需要确切的面料及辅材型号；灯具的数量、材质光源需写清楚；装饰画的位置、安装高度需根据施工图立面效果展示；地毯的色线展示、型号标注与详细的材质需进行描述；无须采购的物品则不用列出。

3. 住宅空间软装深化方案的制作

区别于软装概念设计方案，软装深化设计方案不仅要考虑整体搭配的美观和落地，更多的是考虑以功能性为主，实实在在将设计渗入生活中去。

4. 商业空间软装深化方案的制作

商业空间的软装深化方案表现手法与住宅软装深化方案一致，但这种一致仅限于常规软装产品。商业空间在部分软装产品的样式和个性化需求上比住宅要多样且特殊，所以，需要特别定制，特别定制产品体现在落地执行阶段。一些家具、灯具、装饰画、艺术品等，由于其产品款式在市面上比较少见，或与空间尺寸不匹配，或价位过高等原因，也可以选择复刻版。

5. 软装深化方案的汇报

软装概念设计方案的汇报重点在于方向、格调定位、色彩、整体氛围意境；软装深化设计方案的汇报则更注重讲述空间（动线、采光、大小）与产品（尺寸、材质、款式）、人（五感六觉）与空间、人与产品的关系等。同时，软装深化方案还需要讲述产品故事、产品品牌、产品起源等，以故事带入空间，使每个空间因为软装的设计而丰富、生动。实际上，软装深化设计方案的汇报和软装概念方案设计汇报基本相同。

第二节　室内软装设计方案的施工

一、摆场

（一）软装摆场前的准备事项

在软装产品入场之前，软装设计师需要对现场情况进行进一步的了解、勘测，并确认相关的产品信息、现况以及做好物流、安装的调配工作，确保软装摆场的顺利进行。

1. 了解现场基本情况

了解项目场所的硬装进展情况：与甲方项目负责人确认现场硬装的进展情况，了解硬装是否完工；应确保现场无大型施工机具，确保软装产品进场时有合适的存放场地。

了解现场地面的保护与清洁情况：针对地面没有作保护处理的项目，需穿着干净的拖鞋进入，以免对木地板造成损伤；同时，了解是否已安排软装进场前的现场保洁。

了解现场施工配件的安排情况：确认挑高层现场有无脚手架、A字梯等施工工具，如果没有则需要在软装产品到达现场之前配置齐全。

了解项目场所的货梯工作时间：针对在写字楼中的项目，需提前向物业告知软装进场的时间，并确认清楚货梯的工作时间。

2. 确定产品出货信息与方式

在摆场前3～5天，需要针对制作完成的产品，与厂家一一确认。同时，将家具、灯具、窗帘、地毯按户型或空间打包，并在外包装贴上产品彩图、编号、摆放空间区域的说明及产品件数等相关信息，明确产品出货时间，并制作《项目进场前跟踪表》。制作《项目进场前跟踪表》的好处是可以实时把控每类产品的到货时间，避免因家具、灯具、饰品等出货时间出现问题，而发生不停跑现场调配收货、知货的情况。另外，制作《项目进场前跟踪表》也便于调配搬运和安装的时间。

软装产品的出货根据项目进度要求的不同有两种方式，有各自的特点和优缺点，可以结合实际情况进行选择。

第一，灯具、地毯、装饰画、饰品、花艺一起运送至公司仓库，由仓库统一发货；窗帘从当地出货。

优点：统一出货、接货，对接方便，可以及时验货、调货。

缺点：运费增加，来回装卸货、验货，增加人工和物流成本。

第二，家具、灯具、地毯、装饰画、饰品、花艺由厂家发货到项目地；窗帘从当地出货。

优点：节约运费成本。

缺点：因产品到达时间不一致，需安排专人收货。另外，如果是网购饰品，则需要一一核对，容易有遗漏或丢失。

3. 与厂家确定物流安排

需要与厂家确认清楚产品是由哪家物流发出，并索要物流订单号。如果是大件产品由厂家直发，则需要问清楚安排的货车尺寸，记录货车司机电话，与他随时保持沟通。对于大型货车，每个城市有限制进城的时间要求，要事先了解清楚，避免货物到达当地物流点但无法到达项目地的情况发生。同时，应了解施工现场的周边路况，确保货车到达现场后，能以最快的速度在最近的地点卸货，保证卸货时间，节省时间和人力成本。

4. 调配好搬运、安装的时间

根据产品到达现场的时间和数量，合理安排卸货、搬运、拆装、安装等相关工作。例如，将产品搬运到指定空间位置时，多楼层由高层向低层搬运摆放，平层空间由内向外搬运摆放。另外，搬运时要格外小心，不要磕碰、破坏硬装墙面、地面、门和门框等。最后，还要将所有产品搬运至指定的空间后再进行拆包，同时，协调人员将拆包垃圾集中归放到一起，统一安排人员进行清理。

5. 准备摆场时所需的工具、安装的时间

在摆场时，所涉及的相关安装人员基本都配有安装工具，但是，当现场摆场

人手不足时，就需要软装设计师带上一套工具，用以配合拆包、安装等工作。摆场常备工具有热熔胶棒＋胶枪、螺丝刀、剪刀／美工刀、记号笔、家具修复笔、装饰画钩、手电钻、卷尺、抹布、手电筒、围裙、口罩、手套、拖鞋、鞋套等。

（二）软装摆场的流程

在软装摆场的过程中，应按照一定的流程进行，这样才能高效率、高质量地完成整个项目。软装摆场的大致步骤如下：窗帘安装→灯具安装、家具摆放→装饰画安装→地毯铺设→床品铺设→饰品摆放。

1. 窗帘安装

窗帘安装作为流程的第一步，目的在于防止在安装窗帘轨道时，灰尘落在家具上。窗帘安装之后，可以吸引一部分注意力。窗帘安装时，需要查看窗帘的高度是否合适，并确保其能够完全拉合。若安装的是电动窗帘，还需要调试开合状态和遥控操控。

2. 灯具安装、家具摆放

灯具安装和家具摆放最好能同步进行，便于统一调整灯具的高度和家具的位置。安装灯具需要使用电钻在吊顶打孔，灯具安装好后方便家具定位。灯具安装需考虑高度问题，一般情况下，灯具灯底离地高度应超过 2.25～2.4 米，若低于2.25 米会有撞头的安全隐患。需要调试灯光有无电路问题和确认光源是否合适一致。对于带有布艺的家具，若摆场前没有做好保洁工作，最好不要撕开家具的保护膜，防止弄脏，不易清洗。家具摆放完成后，需进行成品保护，即用塑料薄膜将家具保护起来。

3. 装饰画安装

装饰画多出现在家具上方，因此，应在家具摆放之后进行。在装饰画安装前，软装设计师需要为施工人员确定装饰画的高度与位置。画幅与画幅之间的距离以不超过 0.2 米为宜。成组装饰画需根据家具形态及墙面大小来确定高度及组合形态。

4. 地毯铺设

地毯铺设虽是简单工程，但同样需要确定位置，一般铺设在家具下方或设计指定位置即可。需作好地毯成品保护工作，可在地毯上铺一层水晶垫作为保护，防止弄脏。

5.床品铺设

床单或床笠需要拉直压好，四角的褶皱应自然顺服。样板间的被芯、枕芯填充要求饱满立体，标签和拉链口以及影响美观的区域应藏在内侧。住宅空间的床单、被芯应注意根据季节来挑选。

6.饰品摆放

所有大型物件到位之后，对饰品进行摆设时，需要遵循一定的美学原则。摆件和饰品需要进行不断调试、变换，找到最佳位置和视角，也可通过尝试不同空间的饰品对调、变换找到最终合适的摆放位置。

（三）软装摆场的原则与技巧

软装摆场是根据软装设计方案延伸而来，因此，在空间中放置的每一件物品都与空间、主题、色彩息息相关；陈列则是将物品按照一定的摆设标准，在空间中呈现，并使之具有故事性、情景化、逻辑性和审美性。

1.软装摆场的原则

（1）比例原则

摆场需遵循空间与产品一定的比例。若空间较大，摆设就不能过于稀疏。通常可以从两个方面来避免这个问题：一是可以把地毯的尺寸加大，让整个空间尽可能看起来饱满；二是可以在主要视觉点摆放一些大型落地饰品来丰富空间层次。如果是在小空间中摆场，则要注意摆设不能太多太挤，保证功能性与美观性兼具。

（2）关系原则

饰品的摆放讲求物品与空间之间、物品与物品之间的关系。物体的形体应有高低、大小、长短、方圆的区别。因为，相似的形体陈列组合容易造成单调感，差距过大的组合比例则会产生不协调感。饰品的材质也需要协调、对比，如玻璃、金属与大理石的亮面材质组合可以带来现代轻奢气质；而原木、干花与玻璃和皮质的组合可以带来复古感。另外，还要保证饰品与大环境的关系美观、融洽。

（3）整零整原则

先将产品根据方案清单摆放到合适的位置，注意整体对照是不是已经协调，再对局部的饰品、花艺等小件物品进行细微调整，最后保证整体搭配的完美。

2. 软装产品的摆场的技巧

（1）层次感

由面到点对产品高低、大小、形态、色彩进行层次变化，使空间整体和谐。

（2）节奏感

通过色彩、元素、图案、材质等无规律重复的出现、呼应，为空间带来视觉节奏和统一。

（3）均衡感

以左右、上下、三角形、轻重、大小、中心等对称或不对称构图，为空间带来稳定感和均衡感。

（4）对比感

色彩、形态、动静、虚实的生动对比陈列技巧，在打破空间的同时，可以增加空间的趣味性和联想性。

3. 软装产品的陈列构图

软装陈列构图规律运用的是均衡与对称的摄影构图技巧，使每个空间、摆件饰品陈列的画面具有稳定性，并带来视觉美感。

（1）空间摆场陈列构图

为保持大空间的稳定感，软装陈列多以等腰三角形、三等分法、平行构图、水平构图等方式呈现。

（2）桌几类陈列构图

根据桌几的比例尺寸，饰品常见的有阵列、直角三角形、几何形组合等陈列构图方式。

（3）柜类陈列构图

柜类的饰品摆件常以直角三角形、等腰三角形、对称、大小对比的陈列构图呈现。

（4）柜体层架陈列构图

柜体层架的摆件饰品根据使用功能和层架结构不同，构图手法也不一样，通常会通过工艺摆件的色彩、形体、材质之间的重复、统一、变化带来有节奏性、连续感的产品陈列。柜体层架的陈列方式根据商业空间和住宅空间的不同也略有区别。商业空间：陈列应注意饰品摆件的选择不能太零碎或过于单薄；另外，高层架中要避免选择过重、易碎的产品，若一定要选，则应在高层架产品的底部打固定胶。住宅空间：陈列以业主的爱好为主，摆件饰品只作象征性的填充、点缀即可。

（5）抱枕、靠枕陈列构图

抱枕和靠枕的陈列多以单数摆设居多，常用的陈列构图方式是用对称和跳色营造节奏美感，通常一组抱枕的色彩和图案最多不要超过3种。材质则根据空间的整体风格、调性来选择。例如，北欧风格适合选择亚麻、编织、棉等材质，轻奢风格则可以选择亮面的混纺、绸缎等材质。

（6）景观雕塑的陈列构图

景观雕塑具有特别的艺术美感，通过多样的构图形式，能够使其更具有人文意蕴，常见的方式有等腰三角构图、垂直静态类构图、主景上升构图等。

（四）软装产品的摆场方式

软装产品的摆场方式不管如何变化，终归是依照人的生活习惯和空间现有条件进行的。软装产品需要通过适当的方法进行配置，才能使功能空间合理化应用。同时，设计师还要通过总结丰富的行业摆场经验以及提升专业化的审美水平，才能将产品与空间有机结合，最终营造一个美观、舒适的场所。

1. 家具的摆场方式

家具作为软装产品中的主导部分，在选择与摆设时，既要符合功能区的功能要求，又要体现空间场所的定位与主张，并通过家具的布置和选择达成期望。在室内空间中，可通过家具的不同组合陈列形式来组织划分空间，可使空间使用更合理、利用率更高，还能同时满足不同的功能需求。商业空间的家具选择：商业空间与住宅空间相比较，更注重空间的使用目的。比如餐厅注重的是用餐翻台率，那么在座椅的选择上尽量不要选择过于舒服的款式，并且能够轻巧挪动，从而提高用餐客人的周转率。而在售楼部的洽谈区，期望客户能够感觉舒适，以达到坐下来长谈的目的，在座椅上就应尽量选择宽大的款式，看起来舒适又高档，座椅深度上也应加深，避免客户因过于舒适仰躺在沙发上。

2. 灯具的摆场方式

每一个空间需根据不同的需求调配主光源、辅助光和氛围光，单一的灯光光源会使整体空间看起来单调。在进行灯具的摆场陈列时，需根据空间进行灯具的光源调配，并关注灯具的直径和离地高度等问题。在具体布置时，应根据硬装的插座和线路布置设计，根据现场施工进展可改动情况来陈列布置。如果硬装的木工还在进行中，则灯线还可以进行增减、改动；如果硬装已经全部完成，则尽量不改动或少改动。

灯具摆场时需注意的问题：首先，需要考虑空间的光源照度，光照（自然采光）及数量是否满足现有空间；其次，应考虑光照的方向和主要照明用途，是阅读灯、夜行灯还是用餐灯等；最后，应考虑光源色温，不同的色温会给人不同的心理感受。

除吊灯外，其他视觉范图区域的灯具均要考虑表面材质是否会造成眩光，并要避免这种情况的出现。

3. 窗帘的摆场方式

窗帘布置根据不同的空间区域需求大有不同，窗帘花色、纹样的形态对空间可以产生不同的氛围影响。在具体选择时，家居空间更注重风格匹配、居住者的喜好等需求，商业空间则依照整体风格定位及调性来选择不同的窗帘。

窗帘量尺的步骤：软装设计师量尺（窗宽 × 窗高）→窗帘厂家复尺（下裁宽 × 下裁高）。

窗帘量尺的简单测量法：观察窗型，窗型大致可归纳为 3 种——平窗、落地窗和飘窗；观察有无窗帘盒，然后再进行测量。

（1）有窗帘盒

宽由窗帘盒从左至右测量，高由窗帘盒的顶部量到地面，再减少 25 毫米。

（2）无窗帘盒

意味着要用罗马杆或加装假窗帘盒来实现窗帘的侧装，测量方式有遮窗和满墙两种，遮窗测量为窗帘仅遮住窗户，窗帘尺寸为窗宽左右各增加 200～300 毫米；窗高上部离吊顶距离 200 毫米左右起，量到地面减少 25 毫米。满墙测量为窗帘做一整面墙，窗帘的宽由墙从左至右测量，高由顶量到地面，再减少 25 毫米。

以上方法为常规窗帘的尺寸测量，具体视项目现场而定，要注意梁、柜体、空调、石膏线等障碍物。另外，需考虑窗帘拉合时的漏光问题，可在拉合处各增加 100～200 毫米导轨或做罗马杆交叉重合设计处理。

安装方式：包括顶装、内装和侧装 3 种方式。顶装是根据整面墙的结构安装在窗帘盒顶面的轨道上，这通常是布帘与纱帘的安装方式；内装是根据窗户结构，安装在窗户的内侧，需考虑窗户内侧至少有 70 毫米的空间用来安装帘轨，内装通常是百叶帘、卷帘、罗马帘的安装方式；侧装是直接以罗马杆安装在墙面的一侧。

4. 地毯的摆场形式

地毯常见的铺设方式有两种，一种为"满铺"，即整个空间铺满块毯，这种铺设方式比较适合商业空间中的办公室，有消音、降噪的功能，一些比较大的家居空间也会采用这种铺设方法；另一种为根据家具铺设，如果空间允许，则地毯应尽量将家具包裹起来，可有效减少大空间带来的空旷感。小空间可以选用半铺法，即将地毯的一半或2/3压在家具下，根据空间比例左右两边预留 200～400 毫米。

5. 床品的摆场方式

酒店等商业空间的床品选择主要根据空间风格主题和色彩进行选择，而住宅空间中的床品则相对可偏向个人喜好。同时，现代睡床的床头造型丰富，在选择床品时，最好关注一下床头。另外，在选择时不要忘记查看床品配件，如靠枕等造型是否与床头造型相协调。

6. 装饰画的摆场形式

装饰画尺寸和画面内容的选择，住宅空间和商业空间区别较大。一般来说，住宅空间的装饰画尺寸通常根据墙面大小来确定，商业空间的装饰画尺寸则更加自由，往往强调视觉感。而由于装饰画的题材内容多样，应根据空间氛围和风格加以区分。在悬挂方式上，两者基本相似，常见的悬挂方式有单幅挂法、双幅或三幅挂法以及组合画挂法。

住宅空间装饰画尺寸的选择方法：通常来说，装饰画所占据的面积不宜超过墙面面积的2/3。如果空间面积达到25～35平方米，则可以挂置一幅面积较大的装饰画，尺寸以600毫米×800毫米左右为宜，也可以选择尺寸更大的装饰画，营造一种宽阔、开放的视觉环境。当空间面积为18～25平方米时，可选择中型装饰画，显得比较大方，也可以选择多挂几幅尺寸略小的装饰画作为点缀。

（1）装饰画的悬挂方式

①单幅挂法

画幅以方形居多，尺寸多在600毫米×600毫米及以上，主要起点睛作用，适用于玄关、阳台、休闲区一角，以及单面墙等需要营造视觉焦点的区域。

②双幅或三幅挂法

双幅或三幅挂法又叫双联或三联装饰画，常用尺寸为500毫米×700毫米，经常以"X"水平均衡的挂法出现在空间中，但挂法形式不限于某一种，即使装饰画尺寸和水平线都不在常规范围中，也能很好地呈现主题。需要注意的是，搭配时画作的内容和色系应选择同一系列，适用于客厅、餐厅等面积较大的空间。

③组合画挂法

三幅及以上的装饰画组合，常以上"X"水平线组合、下"X"水平线组合，或是矩阵组合形式出现在空间中，多用于走廊、楼梯、单面照片墙等区域。

（2）装饰画悬挂的高度和比例

①视觉参照

装饰画的高度以成人的视觉高度为参照。一般来说，成人的视觉基本高度为1.35～1.6米，因此，装饰画画面的中心高度基本也是这样的范围，而装饰画的比例大小则需要根据现场空间尺寸和家具尺寸来定。

②家具参照

如果层高为2800毫米的空间，沙发背靠高度是860毫米，装饰画间距沙发背靠300毫米；可选择单幅、双幅或组合形式的装饰画，尺寸600毫米×600毫米～

800 毫米 ×800 毫米。需要注意，装饰画的画面中心位置始终保持在视觉中心点高度。

③悬挂装饰画的流程

首先，以空间墙面、家具为参照物，根据画面的中心水平线保持在人的视觉中心以确定高度；然后，保证家具的宽度尺寸大于所选装饰画的宽度；最后，选择适当的搭配形式。

（3）装饰画的陈设原则

①装饰画搭配最好选择同种风格

在一个空间环境里形成一两个视觉点即可。如果同时要安排几幅画，则必须考虑整体性，要求画面是同一艺术风格，画框是同一款式，或者相同的外框尺寸，使人们在视觉上不会感到凌乱。也可以偶尔使用一两幅风格截然不同的装饰画做点缀，但如果装饰画特别显眼，同时风格十分独特，则最好按其风格来搭配家具、靠垫等。

②装饰画色彩应与室内主色调相协调

一般情况下，两者之间忌色彩对比过于强烈，也忌完全孤立，应做到色彩的有机呼应。例如，客厅装饰画可以沙发为中心，中性色和浅色沙发适合搭配暖色调装饰画，色彩鲜亮的沙发适合配以中性基调或相同、相近色系的装饰画。另外，若追求文雅感，装饰画宜选择与空间主色一致的颜色，画框和画面色彩差距也应小一些；若追求活泼感，装饰画可以选择与墙面或家具对比度大一些的类型。

③装饰画色彩的提取方法

装饰画色彩通常分为两部分，一部分是边框色彩，另一部分是画芯色彩。边框和画芯色彩应保证其中某一颜色和室内家具、地面或墙面颜色相协调，以达到和谐、舒适的视觉效果，最好的办法是装饰画的主色从主要家具中提取，而辅色从饰品中提取。

④装饰画边框色彩的确定

若想要营造宁静、典雅的氛围，则画框与画面要使用同类色；若要产生跳跃的强烈对比，则使用互补色。另外，黑色画面搭配同色画框需适当留白，银色画框可以很好地柔化画作，使画面看起来更加温暖与浪漫。

（4）不同空间的装饰画应用

①客厅

装饰画为横向时应与家具、背景墙协调，为纵向时应考虑与层高匹配。装饰画的高度一般以 500～800 毫米为佳，总长度不宜少于主体家具长度的 2/3，且略窄于主体家具。如果空间高度在 3 米以上，则可以选择尺寸较大的装饰画，以凸显装饰效果。狭长客厅的墙面适合悬挂一幅或多幅组合的同样狭长的装饰画；方形墙面适合悬挂横幅、方形的装饰画。

②餐厅

尺寸一般不宜过大，以 600 毫米 × 600 毫米、600 毫米 × 900 毫米为宜。装饰画顶部距空间顶角线的距离为 600～800 毫米，并保证装饰画整体居于餐桌的中线位置。适合选用暖色调装饰画，不宜选用过浓、偏暗色系的装饰画，以免影响就餐心情。如果餐厅与客厅一体相通时，最好能与客厅装饰画连贯协调。

③卧室

高度尺寸一般在 500～800 毫米之间。长度根据墙面或者是主体家具的长度而定，不宜少于床长度的 2/3。内容以简洁为主，题材过于杂乱的装饰画会吸引注意力，影响睡眠。

④儿童房

年龄低于 7 岁，装饰画可选择鲜艳、活泼的色彩，题材可选择生动的卡通、动物以及涂鸦作品等。由于儿童房的空间一般都不大，选择小幅装饰画作点缀即可，最好不要选择抽象类的后现代装饰画。

⑤书房

色调选择上要在柔和的基础上偏向冷色系，以营造出"静"的氛围。装饰画构图应有强烈的层次感和远延拉伸感，在增大书房空间感的同时，也有助于缓解眼部疲劳。字画可体现文化氛围，如现代感书房可选择镜框字画，而营造雅致、书香氛围则可以选择卷轴字画。书画的横竖尺寸根据书房墙面高矮来定，偏矮墙面可挂横批字画，但一般挂竖轴较多。

⑥厨卫

厨房和卫浴的装饰容易让人有单调的感觉，适宜选择配色明快、活泼的装饰画。厨房的油烟和潮气较大，材质宜选择易擦洗、易更换的玻璃画、喷绘画等类型，数量1～2幅即可。

⑦玄关、过道

玄关、过道属于家居中主要的交通空间，装饰画尺寸不宜过大，适合选择能反映家居主体风格的画面加以悬挂；如果有柜子或几案，也可以搭配花艺或工艺品组合摆放。

7.饰品的摆场形式

无论是住宅空间，还是商业空间，饰品的摆放都十分注重营造和谐的韵律感，如通过并列、对称、平衡的摆放方法，打造空间视觉上的丰富性与多样性，同时也可以令饰品成为空间视觉焦点的一部分。

（1）饰品的布置方式

①摆放时要注意层次分明

摆放家居工艺饰品要遵循前小后大、层次分明的原则。例如，把小件饰品放在前排，把大件饰品放在后置位，可以更好地突出每个工艺品的特色；也可以尝试将工艺品斜放，这样的摆放形式比正放效果更佳。

②同类风格的工艺品摆放在一起

家居工艺品摆放之前最好按照不同风格分类，再将同一类风格的饰品进行摆放。在同一件家具上，摆放的工艺品最好不要超过3种风格。如果是成套家具，则最好采用相同风格的工艺品，可以形成协调的居室环境。

③工艺品与灯光相搭配更适合

工艺品摆设要注意照明问题，既可用背光或色块作背景，也利用射灯照明增强其展示效果。灯光颜色的不同，投射方向的变化，可以表现出工艺品不同特质。暖色光能表现柔美、温馨的感觉；玻璃、水晶制品选用冷色灯光，更能体现工艺品的晶莹剔透、纯净无瑕。

（2）不同空间的饰品应用

①玄关

饰品数量不宜过多，一两个高低错落摆放，形成三角构图，会显得别致、巧妙。

②客厅

要遵循少而精的原则，与客厅总体格调相统一，突出客厅空间的主题意境。切忌随意填充、堆砌，避免杂乱无章，在摆放时要注意大小、高低、疏密、色彩的搭配。电视柜上可以摆放一些饰品和相框，不要全部集中排列，稍微有点间距、前后层次，使这一区域变成悦目的小风景。可将茶几面分为两格，然后将摆件物品分成两类放在相应位置上，形成简洁、有序的整体美感。

③餐厅

餐桌上可以摆放几个精致的酒杯、烛台、水果盘等，不会占用太多空间，却能令空间生动、活泼。餐边柜摆放一些瓷盘、陶罐等工艺品，切忌喧宾夺主，杂乱无章。

④卧室

最好选择摆放柔软、体量小的工艺品作为装饰。不宜在墙面上悬挂鹿头、牛头等兽类装饰，容易在半夜醒来时受到惊吓。也不适宜摆放刀剑等利器装饰物，如果位置摆放不当，则会带来一定的安全隐患。

⑤书房

应体现端庄、清雅的文化气质和风格。文房四宝和古玩能够很好地凸显书房韵味。在现代风格的书房中，可以布置摆放抽象工艺品，匹配书房的雅致风格。

8. 花艺的摆场形式

花艺在摆场的过程中，除了造型上需要和整体空间环境相适宜之外，色彩的协调搭配则更加重要。若空间环境色较深，花艺色彩以选择淡雅为宜；若空间环境色简洁明亮，花艺色彩则可以用得浓郁、鲜艳一些。另外，花艺色彩还可以根据季节变化加以运用，最简单的方法为使用当季花卉作为主要花材。

（五）软装摆场时的调场

由于软装物品的种类繁多，为避免出现不必要的损失，对项目的把控应该在一边摆场时就一边及时进行调场。另外，在将所有产品摆放完成之后，还需要对整个现场进行一次全面调整，一是做好查漏补缺，补充一些必要物品；二是根据甲方需要调整直至对方满意。

软装摆场时的调场是软装设计师自行做调整，此阶段一般不涉及甲方。软装设计师按照原方案进行摆放之后，根据现场的实际情况可以对不理想的陈设、摆件装饰画进行调整。若要减少摆场时的大量调场工作，最重要的是预先将摆场工作做到位。

1. 常见问题及解决方案

（1）窗帘

到了现场才发现窗帘尺寸过长或过短。量完尺寸后核对和布艺设计师以及厂家的尺寸是否一致，若存在误差应事先提出来，并要求厂家重新测量。

（2）灯具与家具

摆完家具之后发现灯具的中心点和家具的中心点无法对上。

应提前在量灯线尺寸时将每个区域的家具尺寸一一对应，由于吊顶再改线、挖孔不现实，可以尽量将灯座和家具向同一中心点稍作移动进行补救。

（3）装饰画

安装过高或过低，画幅之间的距离过近或过远。装饰画时要先比试好位置，组画可以先在地面上试摆再挂，同时用水平尺和卷尺核测定位。

（4）床品

单独选择被芯与被套尺寸不符。单独选择被芯与被套时，一定要确认被芯与被套的尺寸以及被芯的厚度是否符合季节要求。样板间可以不需要符合季节要求，但是一定要有饱满感，不能软塌塌地影响美观。

（5）抱枕

摆场之后觉得美观度不够，视觉表现略差。摆场时可以根据抱枕的数量做不同的陈列构图调试，直至找到最佳的构图效果，同时要确定抱枕上的图案没有放置颠倒。

（6）饰品

大部分软装设计师在制作方案时更注重整体效果，对饰品有所忽视，因此，在摆场时，会出现区域位置空置的现象。设计师应多熟悉项目现场，需格外注意整体柜、层架等，且要量尺拍照。同时，针对平面布置图和家具尺寸图多思考，根据台面尺寸考虑摆放饰品的数量以及考虑构图形式和色彩、材质的搭配等。如果摆场时才发现由于饰品不足导致台面太空，则需要重新挑选、采买，因此，一定要在签合同时预留 3～5 天的调场时间。

2. 软装摆场完的调场

摆场完的调场指对后续工作的验收、收尾处理，需要列表写出每个空间对应的问题、解决方案、解决时间以及由谁解决等问题。另外，还要根据甲方对现场提出的问题进行更改调整，此类调整一般是由于现场摆放的产品不够丰富，或产品档次达不到甲方要求等，需要重新按照甲方要求进行产品采购。有时甲方还会要求新增加产品，要记得在结算时另行计费。

软装摆场最后的调整对整个项目现场的效果呈现很重要。对于在这个过程当中甲方提出的修改意见，软装设计师要进行分析，了解甲方真正意图。

（1）家具

家具的漆面发生磕碰、刮破现象，尽量用修复笔修复，也可拍照协调当地家具修补人员进行现场修补；若破损严重则需联系厂家返修。

①家具四角不平稳

检查家具的护钉是否已取出，或请安装人员现场处理解决，如对家具支脚做打磨处理。

②床垫尺寸与床不符

将床的尺寸量尺后重新定制床垫（尽量选择改动成本小、时间效率高的）。

③椅子出现松动现象

首先检查是否未取出脚钉，再检查是否有配件未拧紧的情况，最后请安装人员现场解决。

（2）灯具

①灯光光源或配件破损

第一时间拍照发至厂家补发。

②光源色不一致或不正确

请安装人员当地购买，当天解决。

③缺少光源

当地当天采买解决。

④因螺丝部件未拧好，灯具出现松动摇晃现象

请安装人员现场解决，并一起检查是否还有其他螺丝松动。

（3）布艺

①窗帘轨道螺丝未拧紧

请安装人员现场解决，并一起检查是否还有其他螺丝松动，必要的话需要轨道再次加固。

②窗帘挂钩卡位有误，导致不能拉合，且出现漏光现象

请安装人员重新调节挂钩卡位，直至能拉合并不再漏光。

③窗帘未做遮光布，透光严重

透光问题一定需要返厂重新加做遮光布。

④窗帘褶皱严重无垂感

窗帘褶皱问题可用挂烫机现场解决，或请窗帘护理公司现场解决。

⑤绸缎类的窗帘材质出现勾丝等情况

如果勾丝不是特别明显，可剪掉线头、熨烫；如果特别严重，则需要发回厂家重新处理。

（4）装饰画

配件不齐或者挂钩位置不正确。小配件一般安装人员都有，可请安装人员现场解决。

（5）饰品、花艺

①饰品少算漏算

摆完场列出少算漏算的饰品，与采购人员沟通后第一时间补货。

②出现遗漏丢失、破损的情况

如果时间允许，可在发货前对照采购清单统一检查饰品是否已装车；如果到现场才发现遗失，则需查明原因，并第一时间重新补货。

③饰品或花艺与空间或家具的尺寸不符

先检查是否可与其他区域的饰品进行少量调换，实在不行就需要与采购人员沟通后第一时间增补。

针对以上摆场完成之后的常见问题，应尽量做到现场解决修复；如果问题严

重，则应积极与厂家协商解决；如果有产品遗漏、丢失，则需要将数量、摆放位置和尺寸确认清楚，并报给采购部门向财务申请批款，重新下单采购。

（六）软装调场后的验收、交接

软装调场之后进入软装最后一个工作流程：验收和交接。在这个环节中，需要软装设计师耐心且细致。

1. 制作项目验收清单

验收前，首先需要制作项目验收清单。清单上需要有每个区域位置对应的产品实景摆设图片以及数量、单位、尺寸和备注等说明。

2. 不同项目的交接工作

（1）家装项目

在与家装项目的客户交接之前，软装设计师需要先自行检查一遍软装项目，以及所涉及的软装产品，检查确认无误之后，再与客户进行交接。

（2）地产项目

地产项目在交接时涉及的部门较多，软装设计师一般参与交接的有物业部、营销部、财务部、行政部、甲方设计部、总经办等职能部门，且这些部门通常会同时进行交接。在项目交接前，软装设计师要准备好与交接部门数量相等的验收清单。另外，由于一些非设计类的职能部门对项目现场并不熟悉，因此，需要按照清单表中的空间顺序进行交接，避免在不同空间来回走动造成的交接混乱、遗漏。

（3）工装项目

工装项目的交接工作相对比较简单，一般由行政部和总经办共同进行交接，交接时同样需要提前准备好相应数量的验收清单。

3. 对项目进行拍照、留档

拍照是对整个项目完成后的最终呈现，一定要选择有经验的摄影师进行项目拍摄。有经验的摄影师会在现场就饰品的摆放位置与软装设计师沟通并进行微调，呈现出最佳的构图效果，拍摄出美观的作品，最后将拍摄作品留档，整个软装项目完成。

（1）验收应按空间顺序进行

不论是家装项目、地产项目或是工装项目，交接时都需要按照交接清单上的空间顺序进行。在同一个空间中，所有的软装产品应一次性交接完毕，如果发现有数量对不上或漏记产品的情况，应直接在清单上改正。

（2）清单图片应为调场后的图片

验收清单表中的图片一定是现场已经摆放完毕的图片，可以使整个项目更加清楚、明了。

（3）与甲方负责人共同验收项目

甲方项目负责人和软装设计师应在现场对整个项目进行验收，并在完成的相应部分清单上一一打钩确认，最后在每个产品项目类别中签字，标注好日期；清单应一式两份，以方便甲方后期核对。

二、后期维护

软装公司需要在软装配饰完成后，对业主室内的软装展厅配饰进行保洁，然后整理、保存文档，拍实景案例入库。通常，软装合同中会约定预留5%左右的滞留金用于后期跟进服务，即项目摆场完毕后定期回访跟踪，保修勘察。

第三节　室内软装设计方案案例解析

20 世纪中叶，在欧美地区一些发达国家的主要城市出现了一种高档、温馨的酒店式公寓。酒店式公寓是一种提供酒店式管理服务的公寓，集住宅、酒店、会所多功能于一体。入住酒店式公寓既能享受酒店提供的热情服务，又能享受居家的快乐。近年来，人们不再满足于简洁与舒适的公寓环境。在繁忙的生活中，人们更需要一个私密的艺术空间，让生活与艺术完美地结合，让它拥有家的气氛，这就需要设计师在室内软装饰上花费精力，精心打造出现代又不失温馨、自然又不失艺术的设计作品。好莱坞普罗珀公寓就是这样一个完美的栖息场所，它让出门在外备感疲惫的人们切实地感受到了家的温暖与放松以及现代生活的时尚与艺术。

一、项目概况

项目地点：美国洛杉矶

设计师：凯利·韦斯特勒（Kelly Wearstler）

开发商：赫西贝德纳酒店联合设计有限公司

竣工时间：2016 年

好莱坞普罗珀公寓位于加利福尼亚州的哥伦比亚广场，这个广场最初建于1938 年，是 CBS（哥伦比亚广播公司）之家。这里曾经拥有很多的录像室和影剧院，造就了好莱坞的黄金时代。后来，因为录音室搬到了山谷，这里便荒废了。现在，这个历史遗址又开始复苏、兴盛起来，大量的新公司和新商店逐渐建立起来，其中，包括好莱坞普罗珀公寓，它的建立标志着该地区成为洛杉矶的创意中心。从公寓出发步行 10 分钟即可走到好莱坞星光大道和美国国会唱片公司大楼，从公寓上可以俯瞰洛杉矶市中心、格里菲斯天文台和好莱坞标志。一共 22 层的公寓建筑拥有 200 个豪华客房，其中的 95 套公寓是配套齐全的住宅。每年前往洛杉矶的音乐家、制片人、作家、导演和演员经常居住于此。好莱坞普罗珀公寓除了客房外还包括露台游泳池、360 度景观的私人屋顶花园、度假式游泳池和社交俱乐部，公寓内还设有图书馆和多间餐饮店、酒吧、休息室。为了创造舒适又豪华的公寓形象。室内软装部分由国际知名的美国设计师凯利·韦斯特勒精心设计，将家庭的温暖和舒适与五星级酒店的豪华与高雅相结合，使入住者有了一个全新的居住体验，从而留下难忘的美好回忆。

二、设计理念

普罗珀公寓主要是为经常游走、暂住于各城市之间的"全球游牧者"，如家庭式出游、临时在此工作的人群或是正处于转型期间的人群而设计的酒店式公寓，他们需要的住所是能给予灵感与鼓舞、轻松与现代的理想住所。凯利·韦斯特勒"现代轻松"与"艺术高雅"的设计理念正迎合了普罗珀公寓的概念。设计师从当地文化和好莱坞故事中汲取灵感，在色彩上选择让人放松的中性色调作为主要基调，综合运用了均衡与对称、对比与统一、层次与色调、几何与质感等多种表现手法。普罗珀公寓的软装饰元素多选用木材与布料等具有亲和力和舒适度的材质，搭配体现艺术感以及现代感的陈设品以强化空间的装饰效果。丰富的抛光金属、定制的木地板、精细的木橱柜、现代的艺术品和雕塑，还有古董饰品等装饰元素充分应用于整个设计中。设计师将软装元素、陈设手法与该公寓的设计理念充分结合，让轻松的入住感受与艺术的空间气质相互交融，简约现代而又不失奢华高雅之感。

三、方案解读

（一）厨房、餐厅

公寓客房一进门正对着的是开敞的起居室，这个区域是由开敞式厨房、餐厅和客厅组成的，给人的总体印象就是"简约"与"开敞"（图 5-3-1）。地面的白橡木地板材质贯穿整个生活区，右侧的一字型橱柜既保持了空间开敞的流线型，又有效节省了空间面积，配以黑色石材台面的橡木橱柜占据了墙面绝大多数的面积，造成和谐统一的视觉效果。木质吊柜下隐藏灯带，灯光照在台面上摆放的各种花纹图案的瓷碗瓷盘、金属质感的水壶、水龙头以及不锈钢的下陷洗碗槽上反射出微微的光芒，显得厨具更加精致。一幅照片相框稳稳地靠墙摆放在台面上，照片上优美的风景让在此下厨的人在劳动之余能收获一份好心情。厨房前的餐厅整体设计与其和谐统一、浑然一体。长达 2 米的拉丝橡木桌由设计师亲自定制，造型简洁大方。用木纹拼接而成的餐桌面板，因为它的特殊纹理和它中心的位置而形成了精致的视觉中心，四边采用相对对称的表现手法放置了 3 种不同形态、造型简洁的座椅：右边背对厨房的两把白色单椅造型圆润，看上去相比对面摆放的 1.5 米长的灰色道格拉斯冷杉长凳更加舒适一些，长桌两头对称摆放着两把黑漆木椅，正上方吊着一盏圆柱形吊灯，经典的黑白格图案以及精致简约的造型再一次体现了设计师的装饰理念。厨房正对着的靠墙柜依然使用了与橱柜一致的材质与配色——黑色的石材台面加上浅木色柜子，这种造型、材质与色彩构成都采用呼应的设计手法，使相对较小的空间显得更加整齐与宽敞，同时也明确划分了餐厅与客厅的界限，使整个餐厅在视觉上形成有序而又完整的区域感与色调感。餐桌及橱柜上都放置了几盆精致可爱的绿色多肉植物，陶土烧制而成的花盆，其磨砂质感与光滑的木质和石材板面质感形成鲜明对比，那一抹绿色为空间增添了些许生机与生活的情趣。

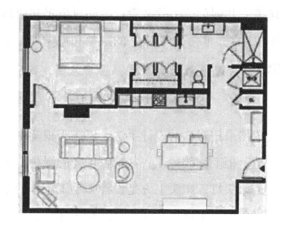

图 5-3-1　户型平面布置图

（二）客厅

客厅色调依然延续餐厅的中性色系，使整个起居室达到完美的配套与统一。

这个区域宽大的落地隔音窗使空间拥有足够的采光与完美的视野，卷轴式白色亚麻布遮光窗帘能有效地将强烈的阳光削减成柔和的光线送入室内。设计师将大面积的背景墙进行了二次创作与设计，用黑、灰、黄等颜色的亚麻布按照比例进行缝、叠、拼、贴等工艺，设计成了一幅艺术画作，以它为视觉中心展开了周围的陈设布置。这个区域采用了相对对称的表现手法，将背景墙和圆形咖啡桌作为中轴线，两边陈设均对称摆放，设计师将背景墙右边的电视放置在一个画架子上，艺术气息顿时弥漫整个空间，与之对应的是摆放在左边的仙人掌植物，高瘦而又翠绿，生机勃勃之感油然而生。茶几两侧各放置了一把造型圆润的矮型沙发，米色布艺沙发与黑色皮质沙发无论是从材质还是从颜色上都形成极大的对比与反差，这种对比的设计手法增添了空间陈设的趣味感与轻松感，让入住者充分地体会到软装陈设带来的创意与乐趣，从而获得更高一级的生活体验。一字型软垫沙发的介入与两个单体沙发形成了一个围合的交谈空间，边线型落地照明灯与背景墙旁竖直的几何灯具遥相呼应，共同提供夜间客厅里的照明服务，沙发另一侧陈设的大理石圆墩材质与圆形咖啡桌面材质相一致，突出的黑白纹理填补了过于朴素淡雅的陈设缺陷，与地面的木质纹理、沙发的布料纹理以及陶土的磨砂纹理形成了质感的融合与碰撞，共同创造了软装设计中的材质美与肌理美。地面上铺设了一张定制的白色牛皮地毯，除了拥有极好的触觉和视觉外，也有效地划分了客厅与其他区域的界限。

（三）卧室

卧室的软装陈设依然采用对称的设计手法，以床为视觉中心，两边各摆放一个方形黑边木质床头柜，柜上均放置了一盆精致可爱的绿植，床两边的墙面上分别安装造型简洁的铁艺床头灯，床头上方是设计师手工制作的木工艺术品。浅灰色的落地亚麻窗帘、米色的羊毛地毯、米灰色的布艺床头、白色的床单以及床单上铺盖的棕色婴儿羊驼绒毯等软材料陈设的色彩依然围绕着整个公寓中色调的主旋律而展开搭配。这些软装饰材料具有相同的色系，却拥有不同的材质和质感，运用统一与层次的表现手法将其和谐地搭配在一起，使卧室空间色调统一，层次感明显且设计感十足，使入住者拥有温馨、舒适的居住体验。靠枕上的粗线条图案、床单上的细线条和网格线条图案以及圆凳上纤细的灰线条图案，粗细有别、疏密有致，搭配在一起共同增添了空间的节奏感与韵律感。

（四）卫生间

卧室的一边设计了可步行穿过更衣室与口袋门的智能布局，衣柜门上超大的木制拉手给人非常强烈的视觉冲击，穿过节省空间的推拉门可以直接进入卫生间。卫生间干湿两区分明，地面均采用银棕色石灰华地板，起到了防滑、防水的功效，室内淋浴、坐便器、洗手台等功能设备齐全，流线设置通畅，客人使用便利安全。干区的设施包括洗手台和坐便器，小麦色石灰石台面的白色橡木洗手台上安装了下陷式白色水槽，两旁摆放着装有洗漱用品的托盘和精美的盒子，一盆小小的绿色多肉点缀其中，这一抹绿色给客人带来一阵芳香和一丝美好的心情。台面上方的异形核桃木框镜以其独特的造型，无疑成为卫生间里的焦点，镜面设置不但有梳妆的功能，通过反射室内情景使空间显得更大、更透亮。镜子两旁各安装了一盏圆柱形照明灯，造型上与餐厅里的吊灯设计极其相似，这里采用了软装饰中"呼应"的设计手法，这种手法可以使空间装饰风格保持和谐一致。洗手台下方设计成敞开式与抽屉式组合的储物柜，开敞部分叠放着白色的浴巾，这样的设计让人获得既干爽又洁净的使用体验，而闭合的抽屉里可以储备一些不怕潮湿的护理品。洗手台旁边放置了酒店式的长袍和拖鞋，以便从淋浴室出来的客人触手可及。湿区的设计包括淋浴、浴缸。淋浴玻璃房被设计成透明的半敞开式空间，既有效地避免了淋浴时水溢出到外边，又有效地节省了空间面积，保持了空间的开敞度。小方块瓷砖淋浴墙与干区的白色光滑墙壁明显区分开来，使空间墙面赋予了新的变化，形成了强烈对比的视觉效果，增添了墙面的层次感与肌理感。

没有过多华丽的设计语言，也没有磅礴宏伟的气势，为了迎合公寓的客户定位，同时升华住宅设计的品位，设计师通过个性化的软装设计理念与精巧的设计手法将好莱坞普罗珀公寓打造出了一种低调的奢华感，为"游牧人群"提供了一种生活新风尚。

参考文献

[1] 张孟常. 设计概论新编 [M]. 上海：人民美术出版社，2009.

[2] 李浪. 设计师谈软装搭配 [M]. 北京：中国电力出版社，2017.

[3] 李银斌. 软装设计师手册 [M]. 北京：化学工业出版社，2014.

[4] 李砚祖. 艺术设计概论 [M]. 武汉：湖北美术出版社，2009.

[5] 理想·宅. 设计必修课. 室内软装陈设 [M]. 北京：化学工业出版社，2018.

[6] 杨一宁，郭春荣，刘姝珍. 软装饰设计 [M]. 合肥：合肥工业大学出版社，2017.

[7] 苏明，马海燕. 整体软装审核及导论 [M]. 北京：中国铁道出版社，2018.

[8] 张向明. 庭院软装 [M]. 南京：江苏凤凰科学技术出版社，2016.

[9] 简召全. 工业设计方法论 [M]. 北京：北京理工大学出版社，2011.

[10] 郝卫国. 环境艺术设计概论 [M]. 北京：中国建筑工业出版社，2006.

[11] 朱芳，方晓慧. 新中式风格的室内软装设计与应用分析 [J]. 居舍，2020（4）：12，67.

[12] 于俊鸽. 软装设计中的色彩搭配与风格的营造技巧探析 [J]. 建材发展导向，2018，16（20）：72–75.

[13] 丁宇. 室内软装设计中的时尚符号应用研究初探 [J]. 居舍，2018（29）：15.

[14] 梅子胜. 浅析室内软装设计的发展趋势 [J]. 西部皮革，2018，40（15）：55–56.

[15] 卢晴曦. 室内软装设计的风格和色彩趋势研究 [J]. 湖北农机化，2019（23）：173.

[16] 薛青. 室内软装设计的原则及未来发展探究 [J]. 建材与装饰，2019（30）：126–127.

[17] 潘苗.室内软装设计中的传统文化元素应用[J].大众文艺，2020（6）：73-74.

[18] 王洋，彭会会.软装设计在室内空间中的应用研究[J].家具与室内装饰，2016（9）：60-61.

[19] 岳瑞.浅析室内软装设计的发展趋势[J].建材与装饰，2016（43）：76.

[20] 李萌.试论软装设计在住宅中的应用[J].住宅产业，2016（4）：46-51.

[21] 魏德君.试论中国传统居室陈设的发展及当代居室陈设的特点[D].北京：中央美术学院，2004.

[22] 邱能捷.软装饰在室内空间环境设计中的应用研究[D].广州：广东工业大学，2017.

[23] 周全.室内软装整体规划初探[D].长沙：中南林业科技大学，2011.

[24] 纪茏锔.极简主义风格软装饰品设计研究[D].长沙：中南林业科技大学，2013.

[25] 陆苇.论室内设计中的软装饰的应用研究[D].景德镇：景德镇陶瓷学院，2013.

[26] 邢文婷.软装艺术配饰在室内空间的应用研究[D].合肥：合肥工业大学，2013.

[27] 李菊.室内软装饰设计中家具和装饰壁挂的形式美研究[D].西安：西安工程大学，2013.

[28] 张誉升.流行趋势对室内软装设计影响的探析[D].大连：大连工业大学，2016.

[29] 程翠翠.基于主题酒店的软装设计研究[D].天津：天津科技大学，2017.

[30] 徐鉴.中国五色与当代居室室内装饰色彩探析[D].太原：太原理工大学，2012.